新型职业农民培育系列教材

U0272237

种植业优质高产栽培技术

张 巾 霍庆贞 王 群 主编

中国农业科学技术出版社

图书在版编目（CIP）数据

种植业优质高产栽培技术／张巾，霍庆贞，王群主编.—北京：
中国农业科学技术出版社，2015. 11

ISBN 978 - 7 - 5116 - 2284 - 6

Ⅰ.①种… Ⅱ.①张… ②霍…③王… Ⅲ.①种植业 - 栽培技术
Ⅳ.①S31

中国版本图书馆 CIP 数据核字（2015）第 232849 号

责任编辑　张孝安　崔改泵
责任校对　马广洋

出 版 者　中国农业科学技术出版社
　　　　　北京市中关村南大街 12 号　邮编：100081
电　　话　(010)82109194(编辑室)　　(010)82109702(发行部)
　　　　　(010)82109709(读者服务部)
传　　真　(010)82106650
网　　址　http：//www. castp. cn
经 销 者　各地新华书店
印 刷 者　北京富泰印刷有限责任公司
开　　本　850mm ×1 168mm　1/32
印　　张　4. 875
字　　数　130 千字
版　　次　2015 年 11 月第 1 版　2015 年 11 月第 1 次印刷
定　　价　21. 80 元

《种植业优质高产栽培技术》
编委会

前　言

为了引导和推动新型职业农民培育工程的顺利健康实施，同时结合"现代农业科技示范带建设"项目，根据农业生产实用技术的需求，组织专家在调研的基础上编写了新型职业农民培育系列教材之一——《种植业优质高产栽培技术》一书。本书分设施蔬菜栽培种植业篇、果树栽培种植业篇、大田及经济作物种植业篇三部分，总结了近年来一系列围绕农业主导产业适宜实施的实用栽培技术及其具体操作方法，使读者能够学以致用。

本书着重于实用技术和实际操作，实用性强，文字通俗易懂，适合农村基层技术人员和农民阅读，可以作为新型职业农民培育工程培训的基础教材。

由于编写时间仓促，书中不妥或疏漏之处难免，敬请专家和农民朋友赐教指正。这本书在编写过程中，得到了有关领导、部门和专家的大力支持，在此一并表示感谢！

编　者

2015 年 8 月

编写说明

　　《种植业优质高产栽培技术》一书着重于实用技术和实际操作，适合广大农民和基层农业技术人员阅读。这本书内容丰富，包括设施蔬菜种植业篇、果树种植业篇、大田及经济作物种植业篇三部分，该书的出版为本地区种植业生产提供了一本具有指导意义的教材。

　　这本书主要由阜新市新型职业农民培育领导小组、阜新市农业广播电视学校以及其他农业部门的部分专家编写。各章节执笔人如下：设施蔬菜种植业篇，由张巾、王群、白玉、许丽丽、邹海龙、周信群、郭亚光、荣海涛执笔；果树种植业篇，由霍庆贞、赵小东、张雪、付玉东、董伟、刘建斌、杨飞雪、杨佰舒执笔；大田及经济作物种植业篇，由朱春杰、蒋浩、罗福利、王智卓、王宏宇、李智勇、李经纬、海英、王翠玲、韩颖 执笔；另外，为了使读者更好地掌握科学、安全使用农药的技术，还将上述三部分中作物常见病虫害防治方法执笔人朱飞宇、王丽维、冯波、宁凤荣、刘柏单独署名。

编　者

2015 年 8 月

目　　录

第一章 设施蔬菜种植业篇

第一节 适宜阜新地区设施蔬菜栽培的温室类型

日光温室是以太阳能为主要能量来源，冬季不加温或在极端天气条件下（连续阴雨雪天超过2天）少量加温即可进行越冬生产的温室。一般由透光前坡、外保温草帘（被）、后坡、土后墙、山墙和操作间组成。基本朝向坐北朝南，东西向延伸。围护结构具有保温和蓄热的双重功能。适用于冬季寒冷、且光照充足地区种植反季节蔬菜、花卉和瓜果。北方地区冬季光照充足，昼夜温差大，各地因气温差别，日光温室的种类和结构不同。例如后土墙式日光温室储热性能好，极适宜光照充足的较寒冷地区冬季蔬菜生产，适合我国西北、东北、华北地区北部和内蒙古自治区等采用。

一、后土墙式日光温室的设计及基本参数

后土墙式日光温室的设计，以辽宁省阜新地区为例进行介绍。阜新地区前屋面角度取 $50° - h + (6° ~ 8°)$，h $(24.59°)$ 为冬至日正午时刻太阳高度角，为 $31.41° ~ 33.41°$。在温室的前沿底脚角度应保持在 $60° ~ 70°$，中部应保持在 $30°$ 左右，上部靠近屋脊处 $15° ~ 20°$，不应小于 $12°$。

后坡仰角取当地立春或立冬日太阳正午的太阳高度角加 $10° ~ 12°$，即：$41.66° ~ 43.66°$。脊位比宜取 $0.80 ~ 0.85$，温室后屋面水平投影长度如表 $1 - 1$ 所示。

外覆盖即在前屋面上覆盖草苫、纸被、轻型保温被等材料。

1

草苫由芦苇、稻草等材料编织而成，常在草苫下附加 4 ~ 6 层牛皮纸缝合而成的纸被；保温被一般由三层或更多层组成，内、外层由塑料膜、防水布、无纺布（经防水处理）和镀铝膜等一些保温、防水和防老化材料组成，中间由针刺棉、泡沫塑料、纤维棉、废羊绒等保温材料组成。

表 1 –1　　不同纬度、不同跨度温室结构参数　　（单位：米）

地理纬度	跨度	脊高	后墙高	后屋面水平投影
40°~42°	10.0	4.8 ~ 5.5	3.2 ~ 3.8	1.6 ~ 2.0
	9.0	4.3 ~ 4.9	2.8 ~ 3.4	1.6 ~ 1.8
	8.0	3.8 ~ 4.3	2.4 ~ 3.0	1.4 ~ 1.6
	7.0	3.4 ~ 3.8	1.9 ~ 2.4	1.2 ~ 1.4

内覆盖即在室内张挂保温幕，又称二层幕、节能罩。保温幕多采用无纺布，银灰色反光膜或聚乙烯膜、缀铝膜等材料。

土墙墙体宜采用黏性土、粉质黏性土，墙体平均厚度取当地最大冻土层深度（阜新，140 厘米）加上 50 ~ 70 厘米。墙体顶面一般取 200 ~ 250 厘米。墙体内表面与水平面的夹角不宜大于75°，若土质较好、有确实可靠材料，可适当加大，但也不应超过80°；墙体外表面高宽比 1：1.25 ~ 1：1.50。

后屋面采用多层结构，由室内向室外应有防潮层、承重层、保温层、找坡层和防水层。

土墙温室一般可不单独设置基础，但筑墙部位表土应剥离，并进行打夯、碾压等加固处理，必要时可做换土处理；基础宽度不应小于墙体宽度。温室若下卧，对土墙内侧距温室内地面1.5 米高度范围内砌筑 240 毫米砖墙。温室前底脚基础应采用墙下条形刚性基础，应设置封闭圈梁。基础材料一般采用砖、毛石，垫层可采用灰土、三合土、混砂和素混凝土等材料。温室基础的埋深应大于当地的冻土深度，考虑温室建筑实际情况，可适当减小，基础一般埋深 0.5 ~ 0.8 米。温室基础应符合 NY/T1145—2006 的要求。

不同纬度、不同跨度温室结构参数如表 1 – 2 所示。

骨架宜采用钢平面桁架结构，骨架间距一般取 0.85 ~ 0.90 米。

表 1 – 2　不同跨度温室骨架材料

跨度（米）	7.0	8.0	9.0	10.0
上弦	Φ21.25×2.75	Φ21.25×2.75	Φ26.75×2.75	Φ26.75×2.75
下弦	Φ12	Φ14	Φ16 或 Φ21.25×2.5	Φ16 或 Φ21.25×2.5
腹杆	Φ8	Φ10	Φ12	Φ12
纵向系杆	Φ21.25×2.75	Φ21.25×2.75	Φ21.25×2.75	Φ21.25×2.75
纵向系杆数量	5 ~ 6	6 ~ 7	7 ~ 8	7 ~ 8

土墙墙体材料一般采用原土即可，土质可为粉质黏土、黏土；若为砂土应作特殊处理，否则不应采用。

零星砌体块体强度不应低于 MU10，毛石不应低于 MU25。砌筑砂浆：地面以下用不低于 M7.5 水泥砂浆，地面以上用不低于 M5 混合砂浆。混凝土标号不应低于 C20。钢筋直径小于 12 毫米的采用 HPB235 级、大于等于 12 毫米的采用 HRB335 级。

场地选择：建造日光温室场地要求地势平坦（坡度不大于 10°），东、南、西三面无遮阴物，光照充足；土层深厚，土壤肥沃，含盐量较低，酸碱度适宜，应符合《农产品安全质量》GB/T18407—2001 的有关产地环境的要求；有灌溉水源，水质应符合 GB5084 的要求；有照明及动力用电，供电应符合 GB/T1386 的要求；地下水位要求在 1.5 米以下。

温室园区规划包括温室方位、间距，园区道路、给水排水，以及附属设施的规划布局。

温室座北朝南，东西沿长，方位宜采用正南偏西 5° ~ 7°，最大不应超过正南偏西10°。

依据地块大小和地形地貌，确定温室群内温室的长度，一般为80～100米。温室跨度一般宜取8.0～10.0米，辽宁北部及东部山区等较寒冷地区跨度宜取7.0～7.5米。

相邻温室之间的距离以前栋温室的脊高为基数，取前栋温室屋脊位置至后栋温室前底脚之间的水平距离等于前栋温室脊高的2.5～3.0倍。地面有坡度时，要考虑坡度修正，修正系数可参照表1－3选用。

表1－3　地面坡度修正系数

地面坡度(°)	1	2	3	4	5	6	7	8	9
坡向朝南	0.95	0.91	0.87	0.83	0.80	0.77	0.74	0.71	0.68
坡向朝北	1.05	1.11	1.18	1.25	1.34	1.44	1.55	1.69	1.85

道路可划分为主路、干路、支路三级。主路与场外公路相连，内部与办公区、宿舍区相通，同时与各条干路相接，一般主道路宽6～8米，干路（次道路）宽4～6米，支路宽2米。干路和支路在道路网中所占的比重比较大，彼此形成网状布置，推荐使用混凝土路面或砂石沥青路面。

温室前后应设置排水支沟，与主干道两侧排水干沟相连，应保证排水干沟底面低于排水支沟，排水支沟低于地面，保证雨水顺畅排除。有条件的可以采用地下深埋暗管或机械排水。

——每栋温室靠东西墙一端或两栋温室中间，宜建一座作业间。

——宜配备备用加温设备。一般采用热风炉、煤炉、液化气炉或太阳能采暖系统等。

二、温室土建施工方法

（一）土墙墙体

垛土墙可采用反铲挖掘机、推土机联合筑墙，墙体基部宽可取设计墙底面宽加 100~150 厘米；采用分层碾压筑墙，按计划和次序往复碾压，分层铺土、分层压实。每填土 30~40 厘米厚碾压一次；采用振动压实法，填土厚度可为 50~80 厘米。墙体高度应大于设计高度 15~20 厘米。墙体内表面采用反铲挖掘机切面，切面时应尽量避免对新筑土墙体产生过大的扰动。切面结束后对内墙面、顶面进行人工处理；墙体外表面压实、整平。

温室前底脚基础设计应符合 NY/T1145—2006 的有关规定，地基基础工程施工质量应符合 GB50202 的有关规定。

（二）基础圈梁及压顶（盖板）

均采用现浇钢筋混凝土结构。基础圈梁截面不应小于 240 毫米×240 毫米，内配 4 根直径 12 毫米钢筋、直径 6 毫米箍筋间距 150 毫米；压顶（盖板）厚度 80~100 毫米、与墙体顶面等宽，内配间距 150 毫米双向 6 毫米钢筋网；或沿内侧设置不小于 240 毫米×240 毫米钢筋混凝土圈梁，内配 4 根直径 12 毫米钢筋、直径 6 毫米箍筋间距 150 毫米。施工质量应符合 GB50204—2002 的有关规定。

后屋面施工要求。后屋面施工应在骨架及卷帘机架安装完成后进行。施工质量应符合 GB50207 的有关规定。

（三）温室的钢骨架施工方法

钢结构的制作、安装应符合 GB50205 的有关规定。

钢骨架要求。制作胎具应按设计参数制作且保持水平，各节点焊缝长度不小于 25 毫米，双面满焊，骨架整体刷防锈漆和银粉各 2 道。若为镀锌钢材，焊完后应除去焊垢，焊口处刷防锈漆和银粉各 2 道。

纵向系杆要求。纵向系杆置于骨架下弦上，与骨架连接用 10 毫米钢筋焊成三角形形状，双面满焊。纵向系杆埋入山墙并可靠锚固。

卷帘机架要求。卷帘机架可采用不小于 40 毫米 × 40 毫米角钢焊接，卷帘机架直接焊接在骨架的上、下弦上。

（四）外覆盖

透明覆盖物要求。日光温室透明覆盖物主要采用 PVC 膜（厚度 0.1 毫米），PE 膜（厚度 0.09 毫米），EVA 膜（厚度 0.08 毫米）。

不透明覆盖要求。主要有草苫、保温被等，草苫用稻草或蒲草制作，宽度 120～150 厘米，重量 4～5 千克/平方米，长度依温室跨度而定，密不透光。保温被由次品棉花、晴纶棉、镀铝膜、防水包装布等多层复合缝制而成，厚度 3～5 厘米。

（五）建造时间

春天土壤解冻后开始筑墙，必须在土壤结冻前结束，尽量避开降雨集中时间，应在 10 月底前完工。

温室建筑质量应符合 GB50300 和 GB50301 相关质量评定标准。

第二节　集约化育苗技术

一、工厂化穴盘育苗技术

起源于 20 世纪 70 年代欧美国家，是以草炭、蛭石等轻质材料作育苗基质，采用机械化精量播种，一次成苗而无需分苗的现代化育苗技术。在自动控制的最佳环境下，充分利用自然资源，采用科学化、标准化技术措施，运用机械化、自动化方式，使蔬菜秧苗生产达到快速、优质、多产、高效率而稳定的生产水平。

育苗盘分格，播种一穴一粒，成苗后一穴一株，根系与基质紧密结合，根坨呈上大下小的塞子状。此技术节约能源，成本低，效益高，适宜远距离运输和机械化移栽，而且缓苗快，成活率高。

二、我国蔬菜种苗产业化对技术的基本要求

（一）技术路线

国外经验与国情结合，适应中小型企业的专业化和集约化规模水平；现代技术与传统农业技术精华相结合；采用普及与提高相结合的技术路线。

（二）技术体系

1. 优化

根据市场采用优良品种。

2. 简缩

简化育苗程序，适当缩小苗龄与缩短育苗周期

3. 改革

①改床土育苗为无土育苗；②改苗床（或钵）为穴盘；③改以控为主为促控结合。

4. 改善

①改善营养环境，提高壮苗素质；②改善温度条件，消除灾害性因素；③改进病虫预防措施，减少病虫发生几率；④改善工作环境，提高工作效率及操作质量。

5. 效益

①单位面积成苗数量增加 1 倍；②壮苗指数提高 20% ~ 30%；③育苗成本降低 20%；④增产增值15% ~20%；⑤育苗产业净收入比一般保护地生产提高 1 倍。

（三）技术目标

1. 选用生产对路的蔬菜优良品种，了解特性在工厂化育苗中的控制。

2. 提高蔬菜秧苗的质量

①具有较强的根系活力；②具有较强的秧苗抗逆性；③具有生育的平衡性。

3. 不断提高企业和购苗者利益

①千方百计从设施替代和使用率、技术改进、压缩管理费用、提高劳动率、加速资金周转和降低资金的耗费等方面降低育苗成本。②不断改进与提高技术，挖掘并恰当利用种苗生产的潜力。③以蔬菜种苗为主，开展多种经营，如材料回收和处理加工、花卉果菜生产、精品蔬菜生产等方面增加企业的综合效益。

（四）技术定位

完全控制的精准农业技术水平，机械化（自动化）；部分控制的标准化农业技术水平，工厂——作坊式生产方式；基本上依靠人工控制的规范化农业技术水平。

（五）技术规范

①技术规程制定；②技术的实施与监督；③技术总结与追踪；④技术保障。

三、蔬菜产业化育苗所需的硬件与软件

（一）硬件

1. 温室

温室类型。①双屋面连栋；②非对称连跨节能温室；③节能日光温室；④改良式温室。同时配备供暖系统，通过调节供暖系统的配置，把温室分为高、中、低三种不同温度类型区。

覆盖的塑料薄膜必须为新的无滴膜，以保证光照充足和防止水滴落入苗盘。温室内应配备架床和行走式喷水灌溉系统。

2. 温室材料

（1）玻璃。一般厚度 3 毫米，密度 2.5 克/立方厘米，光透率 91%，一般 80%，传热系数 2.3 千焦/（平方米・天・℃），

紫外线透过率低。

（2）软质塑料薄膜及硬质塑料膜片或板材。聚乙烯膜（PE）、聚氯乙烯膜（PVC）、醋酸乙烯膜（EVA）；玻璃纤维增强聚酯板（聚酯玻璃钢 FRP）厚 0.7～1.0 毫米，玻璃纤维增强板（有机玻璃钢 FRA），丙烯树脂板（PMMA），有机玻璃板，聚碳酸酯板（PC）。

（3）钢材。

（4）混凝土和钢筋混凝土 9 个级别。

（5）铝合金。

（6）砖。

（7）木材和竹材。

（8）散热器。

（9）二次覆盖材料：无纺布，由聚乙烯、聚酯、聚丙烯等树脂加工而成；遮阴网材料：聚烯烃树脂。

3. 电热温床

具体内容包括电热温床面积计算，电热温床场地选择，功率选定，控温仪，电加温线，电加温线与控温仪配套使用，布线方法，布线间距，隔热层铺设 5～10 厘米碎稻草，电热线上覆土厚度 1 厘米，降低成本的其他措施。

4. 育苗播种生产线

将基质混拌、装盘、做穴、播种、覆土、喷水等工序，连续作业 1 次完成。如用布莱克默系统，800 盘/小时。中小企业用手持式或快速播种器。

5. 催芽设备

（1）催芽（苗）室建造。催芽室应有自动控温与控湿的空调设备。高温 25.5℃，空间湿度 85%，摞成 10 米高，每间一次催芽 20 车（每车 52 盘）（温度 32℃，湿度 85%），一个 10 立方米的催芽室 1 次可播种 2 公顷（30 亩）生产用苗。

（2）加温加湿（表1-4）。空气加热线70~80瓦/立方米

表1-4　催芽加温条件表

外温（℃）	室内（℃）	功率密度（瓦/立方米）
0	15	27
20	35	
25	74	
30	111	

（3）催芽盘及铁架。

6. 育苗容器

穴盘。美式盘多为塑料片材吸塑而成，而欧式盘是选用发泡塑料注塑而成，相比而言，美式盘较为耐用，比较适合我国应用。

进行穴盘育苗时，不同种类的蔬菜，应选用不同规格的穴盘。①春季番茄与茄子育苗多选用72孔穴盘（4.5厘米×4.5厘米），6~7片叶时出售；②青椒育苗选用128孔穴盘（3.4厘米×3.4厘米），8片叶时出售；③花椰菜、甘蓝育苗选用128孔穴盘，6~7片叶时出售；④芹菜育苗选用200孔穴盘（2.7厘米×2.7厘米）或392孔穴盘（1.9厘米×1.9厘米），4~5片叶时出售。穴盘可重复使用20~25次。同时，亦可结合塑料钵、泥炭钵、纸钵、育苗筒、育苗土块和普通育苗盘的使用。

7. 施肥与喷水机械

固定式和行走式喷水机械配备比例施肥器。

8. 育苗搁架（架床）

一般采用金属材料制做。

9. 补光灯具

生物效应灯适于秧苗补光，光为日光色，产生连续光谱，具有80流/瓦，高光效，热量损耗小。光照度均匀，光谱分配比例与太阳相似，如和白炽灯搭配效果更理想。

10. 二氧化碳（CO_2）发生器。

11. 蒸汽消毒间。

（二）软件

1. 育苗场地规划

（1）场地布局。场地选择要求：不遮阴，避开风口，远离污染土，水质水源，电力保障，运输方便，利用余热。场地布局时温室间距是高度的 2.5～3 倍，附属设备，离锅炉近，不仅要将锅炉建在上风口，有足够煤场和炉渣场，而且运输道路近，绿化好，育苗场集中。

除育苗温室外，正规的育苗场还有基质播种线，水、电、通讯设备（与温室越近越好），秧苗包装车间（最好在温室装完立即发出），生产与管理指挥中心（办公楼及实验室）（在温室北面），生活区等。

（2）场地规划中应注意的问题。立足当前，考虑到长远，因地制宜。如蔬菜种苗主要瞄准国内外蔬菜新品种，应有展示园，与育苗区隔离，防止病虫传播。种苗和产品加工在内（两头），生产在外（中间）的特点，建一定规模的产后处理车间。

2. 蔬菜产业化育苗技术规程的设计

（1）技术规程制定的依据。

①育苗方法；②蔬菜种类及成苗规格；③技术水平与设施设备条件；④育苗期的出苗障碍关、拔脖关、苗期病害与生理病害关、秧苗徒长与老化关。

（2）技术规程的基本内容。

①工艺流程；②环境控制标准；③操作技术标准；④制定注意问题的应对策略。

3. 蔬菜秧苗质量标准的制定

（1）成苗标准。依据品种类型、栽培类型和栽培期的不同而制定（苗龄）。

（2）质量标准。根据形态和生理质量标准而定。

（3）选定适宜的苗龄与营养面积（表1-5）

表1-5　适宜苗龄与栽培要求

项目	要求	内容
"苗龄+合适面积"	提倡中苗	番茄5~6片叶，苗龄40~45天
		黄瓜3~4片叶，苗龄30~35天
		茄子、辣椒7~8片叶，苗龄50~55天
	72穴	50穴好，但成本太高，成苗率低
	控制徒长	一味大苗降低苗质量与重量

（4）选好穴盘与选好用好基质

①基质作用。固定、吸附营养液、透气。②无机基质：蛭石、珍珠岩、炉渣、岩棉、沙。③有机基质：草炭、碳化稻壳、锯木屑、平菇基质。目前，国内外一致公认草炭土（有氮素）、蛭石（有磷、钾）和珍珠岩是蔬菜育苗的理想基质材料。常用的基质体积比例按草炭与蛭石2：1配制，同时每立方米混合基质中加入氮、磷、钾（15：15：15）三元复合肥2.5~3.5千克。

基质不宜经常换，基质通气、保水；适宜pH值，无毒性。

（5）保证整齐一致出苗，力争1次播种保全苗。

①机播或人工播种。精量播种系统主要进行基质的前处理、混拌、装盒、压穴、播种以及播种后的覆盖、喷水等项作业。精量播种机是这条生产线的核心，分为真空吸附式和机械转动式两种类型。前者对种子粒径大小没有严格要求，可直接播种；后者对种子粒径的大小和形状要求比较严格，播种之前必须种子丸粒化，即在种子表面包裹肥料、农药等物质，做成大小一致的丸粒，比较适合我国工厂化育苗生产。②种子处理。除对种子进行常规消毒外，对于发芽较慢的种子还应进行浸种。如茄子种子可用500毫克/升浓度的赤霉素液浸泡24小时，风干后再播种。③

催芽。通常先把播种后浇透水的穴盘放进催芽室，将盘与盘呈"十"字形摞放在床架上。催芽室要保持较高的温度和湿度。当苗盘中60%左右的种子出芽，少量拱出基质表层时，即可把苗盘转入育苗温室。2~3天或5~6天，吸水——→萌动——→露白——→胚轴伸长——→出土——→子叶出现——→子叶展开。

为保证质量，发芽率和发芽势必须在95%以上，播种前必须进行种子发芽率检测。

基质浇透水——→深度一致——→均匀覆盖基质，播种后喷透水，直至水从穴盘底孔流出；立即放进催芽室室温28~30℃，幼苗未出土前白天不应低于25~26℃，夜间16~18℃，基质20℃。

（6）温度管理。对于茄子、辣椒等喜温蔬菜，催芽室温度白天应保持在28~30℃，夜间应保持在20~25℃；甘蓝可降3~4℃，90%湿度；薄膜保湿，遮阳网；出苗期基质温24~25℃（果菜）或20~22℃（叶菜）。进入育苗温室后，白天的温度应保持在25~28℃，夜间的温度应保持在18~20℃。对于番茄，催芽室温度白天为25℃，夜间为20℃；进入育苗温室后，白天为25℃左右，夜间为16~18℃；长至2叶1心后，夜温可降至14℃左右，但不要低于10℃，保持水分含量为最大持水量的70%~75%，白天要酌情通风，以降低空气相对湿度；从3片真叶至成苗，水分含量保持在65%~72%；长至2叶1心后，结合喷水，叶面喷施0.2%~0.3%浓度的三元复合肥2~3次。

（7）补苗和分苗。由于受种子质量和育苗温室环境条件的影响，有些蔬菜出苗率只有70%~80%，需要在第一片真叶展开时，及时将苗补齐。

用72孔或128孔穴盘育苗者，可先在288孔穴盘内播种。当小苗长至1~2片真叶时，再移到72孔或128孔穴盘内。这样可保证幼苗整齐，提高温室的利用率。

（8）适时合理供给养分方法。浇营养液，苗出齐后子叶放开第一次供液，穴盘每天1次（阴天少，2~3天1次），浇透母剂。营养液含碳（C）、氢（H）、氧（O）、氮（N）、磷（P）、钾（K）、钙（Ca）、镁（Mg）、硫（S）（大量）铁（Fe）、锰（Mn）、钼（Mo）、铜（Cu）、氯（Cl）、锌（Zn）、硼（B）（一般C、H、O、Cl不考虑从水和空气中获得）。

N：$Ca(NO_3)_2$、KNO_3、$NH_4H_2PO_4$、NH_4NO_3、$CO(NH)_2$、NPK 三元复合肥。

P：$NH_4H_2PO_4$、KH_2PO_4、NaH_2PO_4、过石、NPK 三元复合肥。

K：KNO_3、KCl、KH_2PO_4、K_2SO_4、NPK 三元复合肥。

Ca：$Ca(NO_3)_2$、$CaSO_4$、过石。

Mg：$MgSO_4$、$KMgSO_4$。

S：$MgSO_4$、KSO_4（工业泻盐）。

Fe：螯合态铁、或柠檬酸铁、$FeSO_4$。

B：硼酸、硼砂。

Mo：钼酸铵、钼酸钠。

Zn：$ZnSO_4$。

Cu：$CuSO_4$。

Mn：$MnSO_4$、螯合态锰。

①调制。$Ca(NO_3)_2 + MgSO_4$、$Ca(NO_3)_2 + NH_4H_2PO_4$ 易于发生沉淀（$CaSO_4$、$Ca_3(PO_4)_2$），因此，应稀释，尿素、硫酸镁、磷酸二氢钾易溶，而 KNO_3、$Ca(NO_3)_2$ 和 $Ca(H_2PO_4)_2$ 溶解需一定时间。

②微量元素与先配成原液，暗处保存，用温水加快溶解。

③pH 调节。降低 pH 值可用 H_2SO_4，提升 pH 值可用 NaOH、KOH，配成 pH 值在 5.5~6.5，大部分有效营养液 pH 值在 4.5~6.5。

④盐分。控制在 200~400 毫克/千克。

（9）掌握并运用好秧苗生长的调控技术

①温度（子叶出并展开后）（表1-6）

表1-6 蔬菜苗期（子叶）生长温度要求

品种	日均温度（℃）	昼温（℃）	夜温（℃）
辣椒	18～19	23～30	12～15
茄子	17～18	25～26	12～15
黄瓜	16～17	22～25	12～15
番茄	16	20～25	10～13
甘蓝	15～16	20～25	9～10

a. 如在冬季应加热；b. 子叶期按温度范围的下限控制温度，如黄瓜为昼22℃，夜12℃。

②化学控制。CCC：25毫克/升；PP333：10毫克/升。如果处理时期药剂种类的选择、施用浓度以及施用量都合适，效果是好的。

（10）改善光合营养环境

光：散射光可利用；阴雪天揭开覆盖材料；苗盘换位；张挂反光幕；遮阳网只用于中午；擦灰尘。

CO_2：667平方米1次育苗30万株，每天需CO_2 4.0～5.0千克，连续晴天0.8～1.0毫升/升为宜（好）。

4. 秧苗的运输技术

成苗后需长途运输时，先浇透水，再将苗拔出，根系与基质紧密缠绕在一起，拔出时不会散坨，尔后将苗一层层地摆放在纸箱或筐内即可运输或出售。

（1）运输工具——空调车。

（2）包装（纸箱、木箱、木条箱、塑料等）。

（3）适宜苗龄。

（4）运输前准备，买方整好地，天气预报，防水分蒸发和根系活力减退的保鲜处理。

（5）运输中温度和湿度控制。番茄：10~21℃，若长时间的在4℃下或25.6℃以上不好；甘蓝等：5~6℃。

5. 苗期灾害及其防治技术

（1）侵染性病害。猝倒病、立枯病，其他侵染性病害（霜霉病、早疫病、晚疫病、叶霉病；灰霉病、枯萎病、菌核病和褐纹病）。断绝病菌来源，如种子、基质等；增强幼苗抗病性；消除中心株。

（2）生理障碍。烧根；沤根，苗床低于12℃时发生；寒害；气体危害，如氨气、NH_4 5微升/升、亚硝酸气2微升/升；营养障碍。

（3）苗期虫害。蚜虫、蝼蛄、红蜘蛛、茶黄螨（其后二者用药相同）和白粉虱。

（4）其他灾害。药害、草害和运输中秧苗障碍。

6. 育苗经济效益

生产费用包括：设施设备费（折旧）；加温费（燃料、加温用工等）；人工费（包括技术用工及管理用工）；床土或基质制作费（包括有机肥、无机肥、基质原料费及人工费）；种子费等。

7. 工厂化种苗生产管理

现代管理体制，保证企业良性运行。严格落实聘任制，任务到岗、责任到人、保证生产计划、技术流程、资金运转到位（加强管理）；严格实行生产成本分解制度，费用分解到苗；科学进行产品分级，按质定价；种苗质量保证制度，检验合格否，出厂苗实行存档制度以备查询和确认）；种苗订单必须明确交货时间、蔬菜品种与种类，质量标准及价格，并交付预定金、交货时办理验收手续防止商业纠纷。

一般667平方米30~50天出苗20万~30万株。育苗穴盘50孔、72孔、128孔和288孔等，尺寸约为24厘米×60厘米。

8. 介绍改良架床育苗方法

适宜普通或规模较大的农户采用。改良架床（地床）上部为穴盘，下部为 10 厘米左右竹篾、木板或废旧的穴盘（反置）等，下铺地膜、地热线。可降低成本，且使用方便。方法是按地面平畦 216 厘米，置 4 排穴盘，长度不限，废旧穴盘反扣依次摆放，然后装基质的穴盘上下相对正放置，穴盘基质采用草炭、蛭石或腐熟牛粪过筛，每立方米腐熟牛粪拌磷酸二铵 1 千克，磷酸二氢钾 0.5 千克，以每 2 次水浇 1 次肥水，为正旺冲施肥或靓丰素，每吨营养液中含 1 000 克。

改良架床上午、中午和下午温度较稳定变幅小，差幅为 11.5 ～ 13.4℃，有助于苗的生长，而普通架床温度 1 天之内变幅大，差幅为 14 ～ 15℃，地床穴盘夏季比架床降低温度 0.5 ～ 2℃，冬季地床接近地面利用地热，可比架床夜间增加温度，可充分利用穴盘间的空气湿度降低用水次数 20% 左右，采用地面全室覆盖可替代硬化地面的成本，同时可充分利用育苗间歇期棚室的使用，适于移动和组装，解决了育苗工厂在间歇期育苗架床固定，地面硬化无法生产的现状，提高了育苗温室的使用效率。另外，减少了育苗工厂每平米 1 次性架床投资，降低了生产成本。

第三节　设施蔬菜嫁接技术

嫁接技术的产生与应用源于解决连续重茬后枯萎病等土传病害对蔬菜的为害，随着嫁接技术研究的深入，其嫁接苗在抗寒、丰产等方面表现出良好的特性。

一、连续重茬产生病害的原因

（一）土壤生物原因

同一作物在同一地点长期生长，某些病原微生物如镰刀菌残留于土壤或植残体中大量繁衍，基数逐年上升。重茬时，由于幼苗抵抗能力弱，易于感病。根结线虫在土壤中逐年成倍增加，破坏作物根系。再如软腐病、疫病、青枯病、猝倒病、蔓枯病等病原菌的菌核、休眠孢子在土壤中能存活2~6年，使作物根部腐烂，纵裂，须根不发达，影响正常的新陈代谢。

（二）营养元素亏缺或失衡

某种作物在同一土壤中连续种植，片面消耗某些营养元素，使土壤营养元素呈现生理性不平衡，一些元素如铁不断减少，造成作物营养平衡失调，导致缺素。一般地，随着重茬年限的增加，土壤中氮、磷、钾总量变化不大，而速效锌、硼的含量成倍减少，水解氮和速效钾的含量明显降低，平均年减少20毫克/千克。

（三）自毒现象

指前残作物的残留体在腐烂分解过程中或植物生长中分泌产生一些毒素，如有机酸、醛、醇、烃类，对下茬作物有显著的抑制作用，影响作物的自身的生长。

二、嫁接目前主要应用的蔬菜

主要长季节生产、单位面积产值较高的果菜类，如瓜类的西瓜、黄瓜和苦瓜；茄果类的茄子、番茄和辣椒等。

三、嫁接方法

靠接、插接、劈接、贴接、双断根嫁接法等。

四、具体嫁接技术说明

（一）黄瓜嫁接技术

适宜靠接、插接、双断根嫁接法。

1. 砧木及接穗选择

日光温室冬春茬栽培，黄瓜一定选择对低温和弱光耐力强，

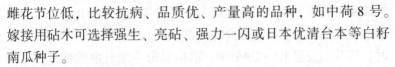

雌花节位低，比较抗病、品质优、产量高的品种，如中荷8号。嫁接用砧木可选择强生、亮砧、强力一闪或日本优清台本等白籽南瓜种子。

2. 育苗时间

采用靠接法嫁接，9月下旬至10月上旬育苗，先播种黄瓜种子，5~7天后再播种砧木种子；采用插接法嫁接，先播南瓜，3~4天再播黄瓜。

3. 苗床准备

采用靠接法嫁接的，需要在温室中做宽1米、长5米的平畦，铺畦埂高20厘米，每畦内撒30~40千克优质农家肥，整平耙实，灌透水，播种。每667平方米黄瓜、南瓜分别需播种畦各2个；采用插接法嫁接的，黄瓜苗床按上述方法，准备1个即可。砧木用直径6~10厘米的营养钵直接育苗，营养钵装事先备好的营养土至钵高的80%，营养土采用充分发酵好的优质农家肥（猪粪、牛、马粪等）1份，大田耕层土3份混合过筛，按每立方营养土中加磷酸二氢钾1.5千克，加50%多菌灵150克混拌均匀。

4. 种子处理及催芽

（1）种子晾晒。每667平方米温室，黄瓜用种量为150~200克、黑籽南瓜用种量为1 500~2 000克，播种前晒种1~2天，促进种子复苏，提高发芽率和发芽势。浸种与消毒，黄瓜种子以55℃热水烫种20分钟，搓洗干净后，用500倍的50%多菌灵浸种1小时，或用500倍高锰酸钾药液浸种25分钟，取出后用清水冲洗净，再以25~30℃水浸泡5~6小时后，进行催芽。南瓜种子以60℃热水烫种25分钟，边烫边搅拌，之后在清水中充分搓洗，洗干净种皮外部的黏状物，用500倍的50%多菌灵浸种1小时或500倍高锰酸钾药液浸种25分钟，取出后用清水冲洗净，再以25~30℃水浸泡8~12小时后，进行催芽。

（2）催芽。沥干种子表面水分，用干净的湿毛巾包裹种子，黄瓜种子置于25~28℃的温度条件下催芽，24小时出齐。催芽过程中，当部分种子显露胚根时，置于0~2℃条件下处理4~6小时，用井水浸泡10~20分钟，取出后甩净水分继续催芽，可提高幼苗抗逆性。南瓜种子在30~32℃的温度条件下催芽，2~3天出芽。

（3）播种。均匀撒播种子，黄瓜种子之间相距4厘米左右，覆土厚度1.5厘米。南瓜苗床播种，种距4厘米左右，插接法营养钵播种的每钵1粒种子，种子覆土厚度2厘米。播种后要立即盖地膜保湿。

（4）苗床管理：黄瓜出苗前，白天维持28~30℃，夜温18~20℃；出苗后，夜温降至16~18℃。南瓜苗床出苗前白天维持30~35℃，夜晚18℃左右。出齐苗后，白天降温至23℃左右，夜晚降至10~12℃；嫁接前3~5天，逐步揭去拱棚膜，锻炼幼苗。当出苗70%~80%时，于早晨及时揭去地膜。幼苗出齐时与嫁接当天，用75%百菌清可湿性粉剂600倍液细致喷洒苗床，杀灭病菌，以备嫁接。

5. 嫁接

（1）靠接法。黄瓜出苗后11~12天子叶展平，第一片真叶二分硬币大小，胚轴粗0.2~0.3厘米，高7~8厘米。砧木播种5~7天，子叶平展，第一片真叶显露未展开，下胚轴粗0.4~0.5厘米，高6~7厘米，为嫁接适期。先用苗铲从苗床中取出搭配合理的砧木苗和黄瓜苗（要少伤根），放在操作台上，然后去掉砧木生长点，要注意不要碰伤南瓜子叶。用特制的竹签刀，挑除南瓜苗的生长点，再用刀片从子叶节下0.5厘米处自上向下斜切，角度35°~40°，切口长0.6厘米，切口深达根颈的1/2，放在操作台上。再取黄瓜苗，在距生长点2厘米处向上斜切一刀，角度30°左右，切口长0.6厘米，深度为胚轴粗3/5，然后把接穗的舌型插入砧木的刀口中，使接口相吻合，使黄瓜子叶压在南瓜的子叶上，切口对齐，用嫁接夹夹牢（黄瓜苗在夹口内侧，南瓜苗在外侧）。嫁接苗要做到随嫁接随栽植到事先备好的营养钵内便于以后断根，并使瓜苗接口高于地面 2 厘米以上。嫁接操作过程中，注意刀片要清洁，不沾染泥水，以免感染病菌；操作要仔细，手用力要轻，不可损伤瓜苗，引起瓜苗组织坏死。

（2）插接法。当南瓜播种 10 ~ 12 天、黄瓜播种 7 ~ 8 天，黄瓜子叶展开夹一心时，挖出南瓜苗，去掉南瓜生长点和真叶，用竹签从一侧子叶基部中脉处向另一侧子叶下方胚轴斜插 0.5 ~ 0.7 厘米深。选择适合的黄瓜苗，距生长点 0.8 ~ 1 厘米下刀斜切，切口长 0.5 ~ 0.7 厘米，接着从对面下第二刀，使胚轴断开，黄瓜刀口成楔形，然后拔出竹签，插入黄瓜苗。

6. 嫁接苗坨摆放

无论采取那种嫁接方法，都要随嫁接随摆营养钵，每摆完一行，立即往钵内浇透水，然后立即支上不低于 1 米高的拱棚，扣上透光好、不透气的棚膜，嫁接苗床摆满后，再向畦面浇水至营养钵 4/5 处，并将小拱棚四周用土严密封闭，保持苗床湿度。棚内温度应维持在 25 ~ 28℃，如果棚内温度过高，可覆盖遮阴物降温。

7. 嫁接苗管理

（1）保温。嫁接苗栽植后的 1 ~ 3 天，白天温度维持 25 ~ 30℃，夜晚 18 ~ 20℃，有利于接口产生愈合组织、提高成活率；3 天后白天降温至 25 ~ 28℃，夜晚降至 14 ~ 16℃，防止幼苗徒长，利于雌花芽分化。断根后白天温度提高至 28 ~ 30℃，夜晚降至 10 ~ 16℃，大温差管理，有利于培养壮苗和促进雌花芽分化。定植前 3 ~ 5 天，白天温度降至 20 ~ 23℃，夜晚降至 10 ~ 12℃。低温炼苗，以备定植。在准备好的营养钵内，栽苗时注意接穗、砧木根部分开 0.8 ~ 1 厘米，嫁接苗栽之后，开始先不通气，保持空气湿度，防止幼苗萎蔫。3 天后开始通风，逐渐降低苗床湿度，锻炼幼苗。4天后小棚通风口逐渐加大，第6～7天时，撤掉小棚棚膜，大棚通风口适当减小，维持适宜温度。

（2）遮阴。遮阴只可遮挡直射强光，尽力让嫁接苗多见散射光，只要瓜苗不发生萎蔫现象，遮阴时间越短越好。一般遮阴从上午9：00左右开始到16：00前停止，早晚让其多见阳光，遮阴上午只在拱棚东面覆苫，中午只在拱棚上面覆苫，下午只在拱棚西面覆苫，让幼苗多见散射光。遮阴时间应逐日缩短，到第6～7天不再遮阴，使瓜苗尽量多见光，苗子健壮，成活率高。

（3）防病。嫁接苗生活在高湿、弱光、密闭的环境中，容易发生病害，因此在保湿的前提下，注意早晚通风，并于嫁接后开始通风时用75%百菌清500倍加72%农用链霉素4 000倍液喷雾，预防病害发生。

（4）除萌蘖、断根。靠接法砧木虽然去掉了生长点，嫁接后还要不断长出新叶及腋芽，要随时将其摘除，在嫁接后的11～12天要在嫁接夹下0.5厘米处用刀片切断黄瓜下胚轴（头一天用手将断根处捏一下），然后拔除黄瓜根，断根初几天内中午可适当遮阴，防止萎蔫。

8. 介绍一种双断根嫁接法

即双断根去顶芽去子叶嫁接技术，适于对温光的环境易于较好控制的育苗工厂，黄瓜去单子叶双断根嫁接工厂化育苗是蔬菜育苗技术的又一次突破，对促进经济发展产生了很大作用。由于工厂化育苗幼苗素质好，栽植后具备了生长发育的良好基础，所以，产量也比土壤育苗的高，效益也大幅度增加。实现工厂化育苗是农村经济发展的一个新的增长点，是农业增产、农民增收的又一项重大技术措施，有着巨大的市场潜力和前景，它将使黄瓜生产提升到一个更高的层次，应大力推广和应用。

双断根去顶芽去子叶嫁接技术与其他两种嫁接方法相比，具有优势：①提高成活率；②缩短育苗时间；③地下部根系发达；

④种苗整齐。

（二）西瓜嫁接技术

适宜插接或靠接，瓠瓜、葫芦作砧木。

采用靠接法时砧木和接穗同时播种，或者西瓜提前几天播种，采用插接法瓠瓜应提前5天左右播种。

1. 插接法

嫁接时间以砧木第一片真叶露出至展开期间较好，接穗子叶平展时，砧木出苗后6～8天便可嫁接，嫁接时间可持续8～10天。嫁接过晚，子叶下胚轴发生空心，影响成活率。嫁接前先准备好一根竹签，粗度与西瓜苗相当或略粗，前端削成一个楔形面。嫁接时先将砧木苗的生长点去掉，然后用竹签的尖端扁阔面与子叶平行的方向从生长点部位斜向下插深入茎1厘米，使竹签尖端刚露出砧木。而后取接穗用刀片在子叶下1厘米处削成一个楔形面，长约1厘米，拔出竹签，将接穗切口以下插入孔内，尖端露出砧木，注意接穗不要插入茎空心内。

2. 靠接法

靠接法是从苗盘中拔出接穗，在砧木苗叶下1厘米外用刀片自上而下斜切长约1厘米的切口，切口深度达砧木胚轴直径的2/5，接穗在子叶下2厘米处自下而上斜切长约1厘米的切口，然后将两者舌形嵌合，用塑料布条捆扎或用嫁接夹夹住即可，再将砧木营养钵内挖一小坑，把接穗埋入土中浇水。其他管理参照黄瓜。

（三）薄皮甜瓜嫁接技术

采用靠接，砧木选用圣砧一号、白籽南瓜，靠接先播接穗，接穗1叶1心时播砧木，砧木露出第一片真叶时为靠接适期，插接，接穗、砧木（或稍晚2～3天）可同时播种，砧木露心时为插接适期。其他管理参照黄瓜。

（四）苦瓜嫁接技术

砧木选用黑子南瓜、白籽南瓜、丝瓜。可同时播种，接穗2

叶 1 心时为嫁接时期，采用贴接法或顶插法（砧木真叶长至 1 厘米，接穗微露，砧木应比接穗提早 5～7 天播）。其他管理参照黄瓜。

（五）茄子嫁接技术

为防治茄子土传病害（黄萎病、枯萎病、青枯病、根结线虫病）的发生，可进行茄子嫁接栽培。

1. 砧木选择

砧木托鲁巴姆，种子价格比较高；但由于其分枝旺盛、侧枝发达，利用侧枝可以进行扦插，成活率可达 95%，扦插后的枝条 7～10 天长出白根，30～35 天即可进行嫁接。

2. 接穗

接穗可选择当地产量高、品质好的茄子品种，如布利塔、新龙等。

3. 播种期确定

秋冬棚生产，6 月上旬砧木浸种催芽，8 月上中旬嫁接，9 月上中旬定植，接穗较砧木晚播 15～20 天；冬春或越冬生产，7 月上旬砧木浸种催芽，9 月底至 10 月上旬嫁接，11 月上旬定植，接穗较砧木晚播 25～30 天；露地育苗，9 月中下旬砧木浸种催芽，12 月至翌年 2 月嫁接，2 月下旬至 3 月定植，接穗较砧木晚播 30～40 天。

4. 播种

将砧木种子用清水浸泡 36 小时，沥干水分，置 25%～30% 条件下催芽，每天用清水冲洗一遍并沥干水分，6～8 天后开始发芽，当芽基本出齐并有 1～2 毫米长时播种。若采用变温处理催芽，即在 15～20℃ 16 小时与 25～30℃ 8 小时变温下催芽，可提早出芽，而且发芽率高。育苗前准备好苗床，苗床要整细耙平，最好表层填入过筛的营养土并摊平，用 50% 多菌灵 500 倍液加敌百虫 500 倍液浇透苗床，随后将催好芽的砧木种子均匀地播在苗床上，盖上过筛营养土，畦面撒一些防地下害虫药，其上搭盖薄膜及遮阳网平棚，避雨遮强光。最好能用育苗盘育苗，方便管理。当砧木长出3片真叶时假植，假植苗床要选择地势高、排水良好的地块，施入充分腐熟的农家肥，深翻后耙平，搭建小拱棚，覆盖遮阳网防强光高温灼伤幼苗，雨前覆盖薄膜避雨，假植株行距6～7厘米。嫁接前20～30天移入营养杯，也可在苗床直接嫁接，不再移入营养杯。接穗按常规方法育苗，接穗的苗床、种子等都要消毒，以免接穗带有病菌，达不到嫁接目的。适当控温控水，防苗徒长，适当追施磷肥促苗健壮。当砧木长出6～8片真叶，接穗长出5～7片真叶、半木质化、茎粗3～5毫米时开始嫁接。嫁接前5～7天对接穗苗和砧木苗采取促壮措施，以提高嫁接成活率。接穗苗主要是控水，使中午前后略呈萎蔫状态，砧木苗浇水量也要适当减少，但要求苗的萎蔫程度比接穗轻。经过这样处理的苗耐旱，嫁接时萎蔫轻，成活率高，不徒长。

5. 嫁接方法

首先搭塑料小拱棚，高60厘米，宽1米，长可根据面积而定；备好遮阴覆盖物，草帘等；嫁接工具用干净锋利刀片和嫁接荚，也可用0.08毫米厚的塑料条，长5厘米，宽1～1.5厘米。嫁接时要选择晴天遮阴条件下进行。

操作方法：

（1）劈接法。当砧木长有6～8片真叶，接穗5～7片真叶，茎秆半木质化，茎粗3～5厘米时，进行劈接，劈接砧木保留2片真叶，去掉上部，然后在砧木茎中间垂直切入1～1.5厘米深，随后将接穗茄苗拔下，在半木质化处去掉下端，保留2～3片真叶，削成楔形，楔形大小与砧木切口相当，随即将接穗插入砧木的切口中，对齐后，用嫁接夹固定好，随即放入提前扣好的塑料小拱棚内。

（2）靠接法。砧木4～5片真叶，高12厘米以上，接穗3～4

片叶，砧木切口选在第 2 片真叶和第 3 片真叶之间，切口由上到下角度 30°~40°，切口长 1~1.5 厘米，宽为茎粗的 1/2，同时将接穗连根拔出，在接穗和砧木切口相匹配的部位自下而上斜切，角度、长度、宽度同砧木切口，然后把接穗的舌形切口插入砧木的切口中，使两切口吻合，并用嫁接夹固定好，随即把嫁接苗放在营养钵内培土浇水，并立刻放入塑料拱棚内。

（3）斜切接（贴接）。用刀片至砧木 2 片真叶上方斜切，斜面长 1~1.5 厘米，角度 30°~40°，去掉顶端；接穗保留 2~3 片真叶，削成一个与砧木相反的斜面（去掉下端），然后与砧木贴合在一起，用夹子固定好，立即放入塑料拱棚内。

6. 嫁接后的管理

嫁接后塑料拱棚 5 天内要求遮光、不通风、空气湿度 95% 以上，白天温度要求 25~28℃，夜间 16~18℃，5 天后见光，并以每天见光 2 小时递增，第 10 天全部见光，10 天后嫁接苗全部成活。成活后及时摘除砧木萌芽，且要干净彻底，同时要把接穗切口下部的根茎或不定根切除。

嫁接后的茄子苗，长势强，叶片肥厚，叶色深绿，茎杆粗，现蕾多，病害少，产量高，比不嫁接的茄子增产 40% 以上。

有时嫁接茄子也会发生土传病害，发生率 5%~10%，原因是：砧木（赤茄重）；种子带菌（黄萎、枯萎病菌）；育苗床土和嫁接时感染，嫁接砧木留茬口（7 厘米）低造成的。

（六）番茄嫁接技术

近年来，土传病害和土壤次生盐渍化越来越严重，严重制约了设施番茄生产。利用抗病、抗逆、耐盐砧木嫁接栽培是解决该问题的一种有效方法。

选择砧木是嫁接的基本工作，决定着嫁接能否取得成功。嫁接一般以提高栽培抗逆性、抗病性为主要目标，砧木本身的抗性对嫁接苗起着至关重要作用。砧木选择还要看其与接穗的亲和性和可操作性。茄子砧木一般抗性较全面，多数品种可以同时抗青枯病、黄萎病、根结线虫病等，但这些砧木多存在茎叶带刺，不便嫁接操作和苗期生长缓慢等缺点；番茄砧木一般与接穗亲和力高、生长接近度好，茎叶无刺便于嫁接，但往往只抗番茄部分病害。目前在生产上使用较多的国外砧木有 LS－89、BF 兴津 101、砧木 1 号、'耐病新交 1 号'、'斯库拉姆'、砧木 128、托鲁巴姆、影武者、加油根 3 号、对话、超级良缘、博士 K 等，国内砧木有浙江农业科学院培育的浙砧 1 号、TR01、TR02、TR03，青岛农业科学院培育的 121、128 等，京研益农的果砧 1 号等。

采用劈接或贴接均具有很高的成活率，同时播种即可，苗不徒长，没有木质化，茎粗 5～7 毫米。其他管理参照茄子。

（七）辣椒嫁接育苗技术

辣椒由于连作障碍，青枯病、疫病、根结线虫病等土传病害发生严重，尤其是疫病多在结果期发生，常导致毁灭性损失。除采用换土、药剂消毒等方法外，嫁接育苗是最有效的防病措施。

1. 砧木选择

常用砧木品种为辣椒的野生种，如台湾的 PFR－K64、PER－S64、LS279 品系、佳伴（圣地亚）、格拉夫特（京研益农），是辣椒嫁接栽培专用砧木。甜椒类可用"土佐绿 B"嫁接。有些茄子嫁接用砧木，如超抗托巴姆、红茄、耐病 VF 也可用于辣椒嫁接栽培。

2. 嫁接方式

采用劈接，砧木比接穗早播 5 天左右，砧木和接穗均长到 15 厘米左右，具 7～8 片真叶、茎粗达 5～7 毫米，为嫁接适期。嫁接用具主要是刀片和嫁接夹。使用前，将刀片、嫁接夹放入 200 倍的福尔马林溶液浸泡 1～2 小时进行消毒。其他管理参照茄子。

第四节　温室蔬菜主要害虫综合防治技术

一、美洲斑潜蝇

露地主要为害豆科蔬菜，在温室则为害黄瓜、番茄、辣椒、芹菜等。以幼虫在叶片组织内潜食叶肉，形成弯弯曲曲的虫道，严重时叶片枯萎。成虫活动高峰一般在中午前后，室内高温成虫栖息在植株底部。雌成虫取食叶片产卵，导致植物细胞死亡，形成刻点，给雄成虫创造取食的场所。成虫具有趋光、趋密、趋黄习性，成虫寿命一般 7～20 天。幼虫生长适温 18～28℃，发育期 4～7 天。

（一）农业防治

合理调整温室蔬菜种植布局，根据斑潜蝇嗜食明显的特性，把瓜类、茄果类、豆类寄主与苦瓜、葱、蒜等蔬菜轮作。及时清洁大田，将被害叶片、植株残体带出田间烧毁，减少虫源。

（二）物理防治

物理防治害虫有阻隔法、趋光诱杀、趋色诱杀、趋味诱杀、性激素诱杀、高温杀虫、激光杀虫、辐射杀虫和超声波干扰。

因为斑潜蝇成虫具有趋黄习性（趋色诱杀），或盛夏季节选晴天高温闷棚室，先深翻地，再覆盖塑料膜，将棚室温度控制在 60～70℃，7～10 天能起到杀虫、埋卵的作用。

（三）化学防治

（1）毒饵诱杀。以 0.5% 敌百虫加甘薯、胡萝卜煮液制成毒饵液，每隔 5 天点喷 1 次，共喷 5～6 次，可有效诱杀成虫。

（2）药剂防治。初见幼虫潜蛀的隧道，就要开始药剂防治。为了达到全面防治，在温室施用 25% 敌敌畏烟雾剂，667 平方米用量 400～450 克，施用方法按烟剂说明书进行。喷雾防治用抗虫

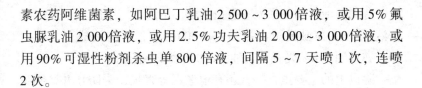

素农药阿维菌素，如阿巴丁乳油2 500~3 000倍液，或用5%氟虫脲乳油2 000倍液，或用2.5%功夫乳油2 000~3 000倍液，或用90%可湿性粉剂杀虫单800倍液，间隔5~7天喷1次，连喷2次。

二、蚜虫

温室蚜虫为害猖獗，虫体多半为黄绿色或橙色。蚜虫食性很杂，蔬菜从苗期到成株期均可受害，集中在生长点或叶片背面及嫩茎上吸取汁液。蚜虫有趋黄、趋橙习性及对银灰色的负趋向性。

防治蚜虫要根据趋性，在温室蔬菜生长的行间，悬挂银灰色薄膜条，在蔬菜育苗时，四周围银灰色地膜。在温室墙壁上，挂黄色、橙色薄膜或纸条，待蚜虫迁飞悬挂黄板处，利用20%速灭杀丁1 500倍液、5%抗蚜威1 000倍液，5~7天喷1次。最好用25%敌敌畏烟雾剂熏蒸，按烟剂说明书施用，1次用药即可，以后视虫情用药。

三、白粉虱

白粉虱是温室内重要害虫，体表覆盖一层白色蜡质层，成虫受惊后可飞翔。以成虫、若虫集中在寄主叶背面吸食汁液，造成作物叶片变黄。为害时分泌蜜露，污染叶片和果实，诱发煤污病，影响作物光合作用及产品质量。

防治白粉虱，以农业防治为基础，培育"无虫苗"。育苗前彻底清除被害残株，用高浓度药剂熏蒸温室，消灭害虫。前茬瓜类、茄果类蔬菜要与葱、蒜、韭菜轮作倒茬。另外，白粉虱有趋黄性，可在温室内悬挂诱虫黄板，诱杀。也可在温室发现有白粉虱时，按白粉虱与寄生蜂1:2，间隔14天释放丽蚜小蜂1次，共放蜂3次，能有效的控制白粉虱数量及为害。

药剂防治，初发现温室有白粉虱，用2.5%天王星乳油3 000倍液、2.5%扑虱灵可湿性粉剂2 500倍液，可防治成若虫及虫卵。亦可用1.8%爱福丁乳油3 000倍液喷雾防治。

除以上的主要虫害外，还有地老虎等害虫，为防止并达到少用药，减少污染的效果，可充分利用物理防治的方法，在虫口密度较小的时候，可达较为理想的效果。

（1）阻隔法。通常采用覆盖防虫网。在小棚、中棚、大棚、温室及网室上面、四周及门窗通风口，覆盖20～30目的白色或银灰色防虫网，可阻止斑潜蝇、豆荚螟、蚜虫、夜蛾等害虫的飞入及侵害。同时还可以保护天敌，调节气温和地温、遮光调湿、防暴雨、防冰雹、抗强风、防病毒等多种功能。

（2）趋光诱杀。利用昆虫对光有很强的趋性来诱集害虫，同时使用物理的化学的方法将害虫集中杀灭。目前，广泛应用的有黑光灯、高压汞灯和频振式杀虫灯等。其中，频振式杀虫灯运用光、波、色引诱害虫扑灯，灯外配以频振高压电网触杀，达到杀灭成虫，降低田间落卵量的目的，杀虫效果甚佳，主要诱杀斜纹夜蛾、甜菜夜蛾、豆荚螟、地老虎、大猿叶虫、跳甲和蝼蛄等。

（3）趋色诱杀。蔬菜的许多虫害，其成虫都具有趋光性，利用害虫的这些特性采取相应的方法进行诱蛾。例如白粉虱、蚜虫、美州斑潜蝇、黄条跳甲等性喜黄色的习性，可采用黄色板诱捕害虫，方法是利用废旧的纤维板，裁成1米×0.2米的长条，用油漆涂为黄色，再涂上一层黏油（用10号机油加少许黄油调匀），每667平方米设置20块，置于行间与植株高度相同。黄板每隔7～10天涂1次机油，以防色板上的油干而影响诱捕效果。黏虫喜欢在黄色枯草上产卵，利用这一特性可将虫蛾诱集到草把上产卵，再将草把集中烧毁。蓟马趋蓝色，利用蓝板诱杀。

（4）趋味诱杀。利用害虫的趋味性，配制适合某些害虫口味的有毒诱液杀死害虫。当前应用较广的为糖醋毒液，通常糖、醋、酒、水比例为 3：4：1：2，加入液量 5% 的 90% 晶体敌百虫。把盛有毒液的钵放在菜地里相对比较调质土堆上，每 667 平方米放糖醋液钵 3 个，白天盖好，晚上打开，诱杀斜纹夜蛾、小地老虎等。用 57% 的辛硫磷 0.25 千克、麦麸 1.5~2.5 千克，加适量水，傍晚撒于菇房周围，可诱杀大蟋蟀、蝼蛄等。

（5）激光杀虫。激光照射能使害虫产生遗传性的生理缺陷，使雄虫不育或使之发生遗传性变异，破坏其繁殖能力。激光发出的光束可对许多被辐射的害虫有强烈的杀灭作用。如功率较小（在千瓦范围内）的红宝石激光器发出的波长为 450~560 纳米的激光，可在几小时内消灭温室白粉虱、红蜘蛛等重要蔬菜害虫；波长为 694.3 纳米的红宝石激光能杀死颜色较深的皮蠹虫、棉红蜘蛛、红叶螨等虫类；飞行中的蝗虫群若被 CO_2 激光照射亦会致死。

第五节 无公害蔬菜生产技术集成

为提高蔬菜质量、增加菜农收入，以保证蔬菜食品安全，根据现有的无公害生产技术原则，总结了无公害蔬菜生产技术集成，该体系以优选基地、安全栽培、科学防治病虫和平衡施肥为核心，以制定和落实无公害蔬菜栽培技术规程为手段，以产后物流配送、质量监控检测和市场准入为导向，将增加产量、提高质量和农民增收同步进行，集成多项先进无公害蔬菜生产技术，形成适合生产实际的配套技术体系。

一、规避污染源，择优选择环境评审合格的生产基地

针对蔬菜产地环境易存在土壤重金属、农药残留、硝酸盐、致病菌、三废污染的问题，择优选择环境评审合格的区域，在规避污染源，对大气、水质、土壤等主要环境因素进行多种污染项

目检测的基础上，选择诸环境要素综合指标较好的地域作为生产基地。所选基地镉、砷两种重金属在蔬菜土壤中的浓度分别小于或等于 0.2 毫克/千克、100 毫克/千克，铅浓度范围为 100～200 毫克/千克。

二、实施无公害蔬菜生产技术规程，严格落实各项技术措施

（一）改单一化防为农艺、生态、物理和化学防治四项措施并举的综合防治，严格控制使用高毒农药，有效减少农药在蔬菜中的残留是无公害蔬菜生产的关键

通过生产实践证明，推广农艺措施、物理防治、生态防治为主，与化学防治并举的"四防"技术，可有效降低农药残留。

1. 采取综合农艺措施

（1）推广抗病品种。各种蔬菜都有对主要病害的抗性品种，采用丰产抗病的品种是无公害蔬菜生产的根本和防治病虫害的关键。如津春、津杂 2 号黄瓜抗枯萎病、霜霉病和白粉病能力较强；百利、毛粉 802、以色列 189 番茄能抗烟草花叶病毒病和枯萎病，卡依罗、L402 番茄能抗疫病和叶霉病；中椒 7 号、美国特大牛角椒、中椒四号辣椒能抗病毒病等。

（2）嫁接和合理轮作。瓜类的枯萎与根结线虫病、茄果类的黄萎病与青枯病均为系统侵染的土传病害，防治十分困难。同时，由于长期连作或单作种植，使土壤养分比例失调，肥力下降，有害微生物增加，连作生理障碍加重。为此，一是在黄瓜、茄子、西瓜、甜瓜上推广嫁接技术。黄瓜利用黑籽南瓜作砧木，茄子采用托鲁巴姆、赤茄、刚果茄和野茄 2 号等作砧木，西瓜采用"南砧一号"瓠瓜作砧木。甜瓜用圣砧一号和世纪星等白籽南瓜做砧木。二是利用相生相克的原理，可在设施内增种一茬葱蒜类蔬菜，如小葱、蒜苗等，这类蔬菜的根系分泌物可抑制部分病菌，对减轻设施连作病害具有明显的作用。三是推广与非同类作

物的合理轮作倒茬防治病虫害技术效果显著。

（3）调整各茬口播种期，避开病虫危害高峰。可按不同栽培形式调整播期，设施蔬菜以安全育苗为主，早春菜提倡早播种，秋冬和越冬茬提倡适当晚播，如秋冬茬黄瓜、番茄可推迟播种，并采取遮阳育苗的办法，防止病毒病发生。露地菜可利用小拱棚育苗，合理安排茬口。大白菜对播种期要求严格，适期播种，可减轻病毒病、霜霉病、软腐病、白斑病和黑斑病等多种病害。

（4）培育适龄壮苗，适当高垄栽培防病。一是推广种子消毒、种子包衣、带药定植技术。在幼苗定植前，喷1次药，淘汰病弱苗，保证定植苗健壮无病；二是利用客土育苗，有效减轻立枯病、猝倒病等苗期病害。三是推广育苗素培育壮苗，即每立方毫克客土用4千克育苗素，混匀后，作为营养土育苗，幼苗长势壮，病害轻。

（5）推广有机生态型无土栽培技术，切断土传病的侵染源。在设施生产区推广有机生态无土栽培技术，阻断土传病害的侵袭，能有效防治土传病害。

（6）合理密植，加大通风透光。针对不同的蔬菜品种和不同的栽培形式，采取不同的种植密度，创造合理的群体结构。如：设施番茄每667平方米种2 000～3 000株，设施黄瓜每667平方米种1 500～3 000株。同时，对于温室栽培的高秋和蔓生蔬菜，如番茄、黄瓜、豆角、西甜瓜、甜椒、茄子等，推广吊蔓和绑蔓技术，减少植株间的郁蔽，可增强植株的抗病能力。

（7）推广滴微灌、膜下暗灌技术。由于温室、大棚封闭性强，蔬菜生长处在高温高湿状态，极易引起黄瓜霜霉病、白粉病、番茄疫病等病害的发生，所以，推广应用滴微灌和膜下暗灌技术，可降低室内湿度，抑制病害的发生。

（8）控制植物生长调节剂的使用浓度和方法。植物生长调节剂是提高产量的重要手段，但不正确的使用会对蔬菜产品、土壤造成一定的残留为害，每种调节剂都要严格按标准使用。

2. 物理方法防治病虫害

（1）热力消毒法。根据真菌病原菌超过30℃病菌发育缓慢或死亡、多数植物病毒在60℃左右失毒的温度界限，采用55℃温汤浸种的方法，可预防多种种传真菌性病害，如黄瓜黑星病、枯萎病、炭疽病、番茄疫病和辣椒疫病等。

（2）诱杀法和驱避法。一是利用蚜虫、白粉虱的趋光性，采用频振式杀虫灯进行诱杀，控制虫害的发生。二是利用白粉虱、蚜虫的趋黄性，在生产区设置黄油板、黄水盆等诱杀害虫。三是利用银灰膜避蚜。利用蚜虫对银灰色的忌避性，在温室内张挂银灰色膜条，减少蚜虫危害和传毒，减轻病毒病的发生。四是利用蓟马的趋蓝性，在生产区设置篮板诱杀蓟马。五是利用性诱剂诱杀雄蛾，降低交配几率。

（3）阻隔法。掌握害虫的活动规律，设置适当障碍物，阻止害虫扩散危害，直接消灭的方法是无公害蔬菜生产的首选，如防虫网阻隔法。夏季高温季节，多种害虫并发，在害虫发生之前，用防虫网覆盖大棚和温室，对许多害虫有较好的隔离效果。

3. 生态防治措施

大棚温室湿度大，各种病害如霜霉病、灰霉病、黑星病、疫病发生重，所以采取措施降低温室大棚的湿度，如加大放风排湿（高温前放风降温、高温后放风排湿）、铺地膜（膜下暗灌）、控制灌溉量或通过温度调节防止夜间叶片结露，保持相对湿度在70%以下，能有效防止各种病害的流行。可采取以下措施。

（1）地膜覆盖。在设施栽培中采取膜下暗灌或滴微灌技术，可有效地降低棚室内湿度，减轻病害，节约用水。据试验，保护地内地膜覆盖对番茄灰霉病防效可达75%以上。

（2）适时放风排湿。棚室白天温度高，蒸发量大，到夜间温度低时湿气结露导致病害发生。故采取达到适温点时放风、到低温点时关风口的方法，将湿气排出防止结露，可有效控制病害发生。

（3）高温闷棚和耕翻晾晒抑制病害。一是根据蔬菜和病菌对温度的忍耐力不同，通过调整温度来控制病害的发生发展。如根据黄瓜霜霉病高于30℃则不利其发生的原理，采取45℃高温闷棚1.5～2小时防病；二是利用夏季棚室休闲季节，每667平方米用500千克麦秸或柴草挖沟深埋，进行土壤翻耕和高温晾晒杀菌。

（二）合理施用化学农药，有效控制病虫危害

1. 选择对路的农药品种

在蔬菜生产上严禁使用高毒、高残留的农药。如呋喃丹、3911、1605、甲基1605、1059、甲基异柳磷、久效磷、磷胺、甲胺磷、氧化乐果、磷化锌、磷化铝、杀虫脒、氟乙酰胺、六六六、DDT、有机汞制剂等。严格选用高效低毒低残留农药如敌百虫、辛硫磷、马拉硫磷、多菌灵、托布津等，严格执行农药的安全使用标准，控制用药次数、用药浓度和用药安全间隔期，特别注重在安全采收期采收食用。

2. 选择合适的剂型

保护地设施密闭、湿度大，利于各种叶部真菌性病害发生，因此，设施内应推广使用烟雾剂和粉尘制剂，不增加湿度，防效好，省工省时省药。

3. 改进施药技术

如防治番茄灰霉病，根据发病部位和病菌侵染特点，在蘸花液中加入速克灵或扑海因，并改全株喷药为局部喷药，不但大大提高药效，还可显著减少用药量。

（三）实行科学施肥改良土壤

蔬菜施肥存在的主要问题：一是化肥用量大，氮素化肥尤其突出。二是各种养分施用不平衡，施用的氮、磷、钾肥料等养分不平衡，不注意微量元素肥料的补充。三是施用的肥料品种选择

不合理，大量施用鸡粪、硝酸铵，不注重不同肥料品种间的配合施用。为此，在施肥原则上，应以有机肥为主，化肥为辅，有机氮肥和无机氮肥之比不低于 1:1。重点推广以下 3 项措施。

1. 强化有机肥的施用

有机肥种类繁多，生产有机肥的原料来源各异，有些原料含有重金属、有毒物质、病原菌等，在推广过程中，一是将所使用的有机肥都进行无害化处理。一般农家肥（如鸡粪、厩肥、畜禽粪便等）与磷肥混合后进行堆沤或高温发酵使用；或采用蔬菜专用有机肥、有机无机复混肥，在生产上效果较好。二是将有机肥做基肥，普施与沟施相结合，60% 左右普施，40% 左右沟施。

2. 合理使用化肥

（1）明确禁止和限量使用的肥料种类。在无公害蔬菜生产区域明确禁止使用下列肥料：一是城市生活垃圾、污泥、工业废渣，以及未经无害化处理的有机肥料；二是不符合相应标准的无机肥料，未经正式登记手续的新型肥料和复混肥料；三是不符合 GB/T 17419 和 GB/T 17420 标准要求的叶面肥料；四是虽符合 GB/T 17419 和 GB/T 17420 标准但含有激素或化学合成的生长调节剂的叶面肥料。同时限量使用含氯化肥、含硝态氮化肥。

（2）控制用肥量，推广蔬菜平衡施肥技术。以土壤养分测定分析结果和蔬菜作物需肥规律为基础确定肥料施用量，一般掌握最高无机氮肥养分（纯氮）施用限量每 667 平方米施用 15 千克，中等肥力区域（指土壤中含碱解氮 80 ~ 100 毫克/千克，有效磷 P_2O_5 60 ~ 80 毫克/千克，速效钾 K_2O 100 ~ 150 毫克/千克）土壤磷钾肥施用量以维持土壤养分平衡为准；高肥力区域有效磷在 80 毫克/千克以上、速效钾在 180 毫克/千克以上时，应适量或少施用磷钾肥。

（3）强化阶段合理施肥，提高肥效。按照培育出壮苗的原则施苗肥，具体施肥品种和数量根据采取的育苗形式和蔬菜苗品种而定。基肥数量一般占总施入养分量的 50% ~ 60%。有机肥的养分全、缓效、可改良土壤，一般全部或 80% 以上作基肥，以保证在蔬菜整个生育期内有一个稳定持续的养分供应量；磷肥全部做底肥，生长期内发现缺磷可适当追施或叶面喷施；氮钾肥 40% ~ 60% 做基肥。微量元素肥料、微生物肥料等可以基施。追肥以速效性肥料为主，一般以氮肥和钾肥为主，施用量占 40% ~ 60%，一般在蔬菜的各个营养临界期前分次施入。

3. 推广蔬菜叶面肥

因土壤中营养不全面，常会造成植株生长不良或"缺素病"。为此，在蔬菜生长过程中推广叶面肥补充微量元素，可调节作物生长和防治生理病害。在茄果类蔬菜上，从苗期、开花前后、结果期分别多次进行叶面施肥，可提高植株抗病性，减轻了生理性和病源性病害发生，病果、畸形果减少。

（四）把好"检测关"，保证上市蔬菜优质无公害

从蔬菜播种到产品上市不定期进行检测，特别是生产过程中的自检可随时调整生产方案，以保证上市蔬菜的质量。

第六节　设施蔬菜栽培技术操作要点集成

一、日光温室甜椒长季节栽培技术操作要点

（一）品种选择

越冬生产应选用抗低温、耐光照的长椒类型品种，而不应选择方椒。目前，适合阜新地区日光温室栽培的品种主要有：37 - 76 和 37 - 74 等。

（二）育苗

播种期为 7 月末至 8 月初，苗龄 45 天左右。定植为 9 月上中旬，新年即可批发上市，直到翌年 7 月，采收期 200 多天。因此，

产量高、效益好。可见，培育壮苗是关键措施。

1. 工厂化无土育苗

由于育苗期在 7 月末至 8 月初，温度高、光照强，农户育苗风险较大，因此，最好采用工厂化无土育苗。

2. 催芽条件

25～30℃条件下催芽，种子"露白"后进行点播，一钵一粒种子，覆土 1 厘米厚，覆土后用普力克 25 毫升对水 15 千克土表喷施 1 次，防苗期病害。然后覆盖地膜保湿，一般幼苗出土前，应保持 25～30℃恒定温度为宜。种子拱土后及时撤掉覆盖物，一般白天温度控制在 25～28℃，夜间 15～20℃为宜；育苗时注意防雨水，提倡苗床起拱棚或温室内育苗，温度过高或光照过强时注意遮阴。苗期主要防治猝倒病、立枯病和病毒病等。

（三）定植

1. 定植前准备

（1）杀菌。为了防止青椒"死秧"现象发生，首先要进行土壤处理，建议选用营养土栽培或秸秆反应堆技术。其次土壤消毒，采用夏季高温季节闷棚杀菌，秧苗到货后（工厂化育苗），用 2 毫升阿米西达 +2 毫升阿克泰 +0.2 克双吉尔（GGR）+水 5 千克将秧苗根系浸泡 5～10 分钟，或用生根剂 + 爱多收 + 链霉素（按说明配制）。定植前要进行全棚消毒，定植时，用 50% 乙磷铝锰锌、30% DT 各 500 克加 20 倍干细土配成药土，在定植时均匀撒于定植穴内；定植缓苗后用敌克松或乙磷铝锰锌加 DT 等进行单株灌根，定植后注意苗床不要过湿。

（2）施基肥。每 667 平方米温室一般施入经过充分发酵腐熟的优质农家肥 10 000 千克以上，生物有机肥 100 千克，过磷酸钙 150 千克，硫酸钾 20 千克，磷酸二铵 50 千克，充分混拌均匀，平铺深翻 40 厘米，耙平。

（3）作畦。可选用大垄双行高畦栽培，也可选用单垄单畦栽培。按 150 厘米宽，南北向起垄，台底宽 100 厘米，台面宽 80 厘米，台高 10～15 厘米，作业沟宽 50 厘米，垄台做完后将土块压碎，定植后扣地膜。

2. 定植密度及方法

台面按 50 厘米行距，在垄的两头定点，相对应两点间用线拉直，然后将取来的苗坨按 40 厘米的株距在垄台上挖穴定植两行。垄台中间滴灌带距离为 45 厘米，定植最佳时间是下午，定植深度为种苗培养基和土壤表层保持同一水平，让土壤与培养基充分接触，不要留有空隙，以利于根系的伸展。每 667 平方米定植株数为 2 000 株左右。

（四）定植后的管理：定植后应中耕 2～3 次再覆膜

1. 在定植后每日 8 小时光照，白天温度 25～30℃，夜间温度 15～20℃，空气相对湿度 60%～70%，当进入 10 月下旬及时上帘提温防寒，在尽可能维持不低于适温范围下限温度情况下，适当早揭晚盖。另外要经常擦棚膜上碎草灰尘，以便增加棚膜透光率，棚温超过适宜温度时放顶风，不能放底风。

2. 肥水管理

定植水浇足浇透，开花坐果期控制浇水，一般从门椒果膨大开始浇水追肥，每 7～10 天浇 1 次水，同时随水追施以色列海法钾宝或硝酸钾每 667 平方米每次 8～10 千克，磷酸二铵 3～5 千克，同时进行叶面追肥，每 7 天叶面喷施磷酸二氢钾或宝力丰 1 次。

3. 植株调整

及时吊线防止倒伏。第一次分枝后，分枝之下主茎各节的叶腋间易萌生腋芽，应及时抹去，一般采用三干整枝，首先及早摘除门椒（应在对椒坐住后再去掉门椒），然后任其生长（前期不可过分控制生长），待四门斗采收完毕后，去掉一个弱干留三个主干，每干再分枝，主干椒保留，侧枝再保留一个椒后留二片叶掐尖，以此类推，需注意的是整枝要在晴天露水干后进行，以防病害蔓延。在生育中后期，要对植株下部的病残叶、黄叶、衰老叶及时摘除，同时还要随时去掉内膛无效枝。

4. 疏花疏果

生长中后期分枝较多，花果聚密，应有计划地疏理。

（五）病虫害及防治办法

1. 疫病

加强田间管理，发现中心病株时开始施药，可选用50%甲霜铜可湿性粉剂600倍液，或用58%甲霜灵锰锌可湿性粉剂600倍液，或用64%杀毒矾M8可湿性粉剂500倍液，或用77%可杀得可湿性粉剂400倍液，或用72.2%普力克水剂600～700倍液等。喷药间隔7～10天，连喷2～3次。

2. 炭疽病

可选用80%炭疽福美可湿性粉剂800倍液，或70%甲基托布津可湿性粉剂500倍液，或70%代森锰锌可湿性粉剂500～800倍液，还可用5%百菌清粉尘剂等，每7～10天喷1次，防治2～3次。

3. 根腐病

用金雷多米尔+多菌灵灌根，每7天1次，连灌2～3次。

4. 病毒病

治蚜防病，喷施NS—83增抗剂100倍液，定植前10天喷1次，定植缓苗后和盛果前期再各喷1次，还可喷洒1.5%植病灵乳油1 000倍液，或用20%病毒A可湿性粉剂500倍液。此外，还有白粉病、软腐病、疮痂病等。

主要防治的虫害有蚜虫、斑潜蝇、白粉虱等。

（1）蚜虫防治。用21%灭杀毙乳油，或用20%速灭杀丁乳油，或用2.5%天王星乳油喷雾。可选用灭蚜烟剂。

（2）斑潜蝇防治。黄板诱杀，或用48%乐斯本乳油800～

1 000倍液，或用10%吡虫啉可湿性粉剂1 000倍液等药剂防治。

（3）白粉虱防治。可用50%马拉硫磷乳油，或用40%乐果乳油各1 000倍液，2.5%功夫乳油。

二、日光温室番茄长季节栽培技术操作要点

第一，一般选用无限生长类型的品种，目前产量高、果型好、耐运输的品种有：以色列189、百利四号等。

第二，育苗时间：7月末至8月初育苗，苗龄30~35天，采用营养钵直播法育苗或工厂化育苗。

第三，定植：（同甜椒法）。

第四，定植后管理。

（一）增光管理

加强光照管理，经常及时清扫棚面，增加透光率。

（二）合理延长光照时间

严冬季节早晨早揭帘子，晚上晚放帘子，尽可能地延长光照；阴天只要温度允许也要揭帘子。雪后立即打开帘子，以便增光提温，如果连续2~3天不揭开帘子，一旦晴天，要揭花帘子。避免植株迅速严重失水，造成萎蔫。

（三）合理浇水

晴天的上午浇水，避免大水漫灌。苗期要控制浇水，连阴天控制浇水，低温控制浇水。浇水后必须密闭棚室增温2小时左右，再由小到大逐渐放风排湿，以减少夜间结露。浇水之前一定要看天气预报，绝对不允许在出现雨雪天或连阴天前浇水。

（四）变温管理

根据作物的生育适温合理调节温度，上午（13：00前）25~28℃，下午25~20℃，前半夜18~15℃，后半夜15~10℃。

根据作物生长发育适温要求和天气变化，灵活渐进放风（避免猛放风），上午（13：00前）不超上限，下午风口闭合以下午

要求的温度为准。

（五）合理进行植株调整

要采取单秆整枝法，每株留 6 穗果，最后一穗果上留二片叶掐尖，每穗留果 4 ~ 6 个。在管理过程中要求：①及时吊绳、绕秧，防止倒伏和互相遮挡；②及时打掉侧枝和花前枝叶；③喷花保果。当每个花序半开 3 ~ 4 朵花时，选用农大丰产剂 2 号或 CPM 番茄丰收素进行喷花；④疏花疏果。第一花序留 4 ~ 5 个果，第 2 ~ 8 个花序留 5 ~ 6 个果。其余疏掉，同时还要疏去病、残、裂果、畸形果；⑤随时清理病叶、老叶、黄叶以及果实膨大穗以下部分叶片，以便通风透光；⑥根据市场、季节、温度、植株长势等情况进行掐尖或不掐尖，培养顶部侧枝。落秧、二茬生产。

（六）合理施肥

当番茄第一花序开花坐果后，果实直径达 1.5 厘米左右时，开始第一次追肥，以后，每坐住一层果都要追 1 次肥。100 米长的棚，壮苗每次施钾宝或硝酸钾或磷酸二氢钾 15 ~ 20 千克，弱苗每次施钾肥 7.5 ~ 10 千克、尿素 2.5 千克、磷酸二铵 2.5 千克。每 7 ~ 10 天 1 次。

（七）主要病虫害防治

避免偏施氮肥，清洁棚膜，增加光照，多施有机肥，改善土壤结构，并在果实膨大期增施钾肥，初花期叶面补钙，防止筋腐病和脐腐病的发生。均衡供水，不得忽干忽湿，合理开放风口，严格掌握喷花药液浓度，防止裂果和生理卷叶。注意防治晚疫病、灰霉病和叶霉病，控制虫害，防止病毒病发生。防治真菌药剂选用甲霜灵、可杀得、杜邦抑快净、50% 多霉灵（万霉灵）、灰霉必克、杜邦福星和世高等。发现病毒病病株用 70% 病毒 A500 倍液加 1.5% 植病灵 100 倍液喷雾，7 天 1 次，连用 3 ~ 4 次。防治溃疡病用 14% 络氨铜水剂 300 倍液，或用 77% 可杀得可湿性粉剂 500 倍或 77% 农用硫酸链霉素 4 000 倍液喷雾。用速灭杀丁乳油、天王星乳油防治蚜虫；黄板诱杀潜叶蝇、白粉虱等，药剂选用乐斯本乳油、绿菜宝乳油、天王星乳油、10% 吡虫啉等。

三、日光温室冬春茬番茄栽培技术

（一）品种选择

选用抗病虫、抗逆性强、适应性好、产量高的番茄品种。冬春茬种植要选择耐低温、耐弱光、早熟、第一雌花节位低、坐果率高的品种，如阜新市目前栽培的红果番茄品种有百利（荷兰）、玛瓦等；粉果的有欧粉、朝研 219、杂交魁冠、欧盾、金棚一号等。

（二）育苗

阜新市一般在 10 月下旬至 11 月上旬播种，在 1 月中下旬定植。育苗用的营养土需选用未种过茄科作物的肥沃园田土和充分腐熟的优质农家肥，种子需消毒催芽，一般经过 2 ~ 3 天种子 50% 以上发芽即可播种。待番茄的幼苗长出一叶一心时为分苗适期。移苗头天晚上浇水，水渗透要 4 ~ 5 厘米深为止，翌日用锹起苗，移至 8 厘米 ×8 厘米的营养钵内，然后浇水，水渗后覆土。

（三）定植及管理

1. 整地

精细整地，要求土壤耕层深厚、肥沃、疏松，采用大行距 70 厘米，小行距 50 厘米的高畦（畦高 12 ~ 15 厘米）栽培，覆盖地膜，下设滴灌管。

2. 定植方法

当棚内气温稳定在 12℃ 以上，10 厘米裸地地温稳定在 10℃ 以上时开始定植。定植前 1 周每 667 平方米用硫磺粉 2 ~ 3 千克、敌敌畏 0.25 千克，拌上锯末（4 ~ 6 千克）分堆点燃后密闭熏蒸一昼夜。阜新地区一般在1月中下旬定植，定植日期选择"寒尾暑头"的晴天上午，株距45～50厘米，667平方米定植2 200株左右。

3. 定植后管理

（1）温湿度管理。定植后尽量提高温度，以利缓苗，不超过33℃不需要放风，缓苗后白天20～25℃，夜间15℃左右，揭苫前10℃左右，以利花芽分化和发育。进入结果期后，白天25～28℃，夜间16～18℃，地温20～22℃最好，不低于12℃。空气相对湿度维持在60%～65%，最高不超过80%。采用膜下暗灌、滴灌，在晴天上午或早晨浇水，并及时放风排湿，尽量使叶片不结露。当外界最低气温12℃以上时，即可整夜放风。

（2）肥水管理。浇足定植水，通常在第一穗果核桃大以前不浇水，在沟中松土提温保墒。当第一穗果坐住并开始膨大时追肥浇水，每667平方米追冲施肥15千克左右（如"黄金搭档"等），这时要注意水温（晒水浇地），水温和棚温尽量一致，避免因灌水而降低地温，影响番茄正常生长。盛果期7～10天浇1次，10～15天施1次肥。

（3）光照管理。应尽量增加光照强度，可采用经常擦拭棚膜上的灰尘；阴雨天也要揭草苫，以增加散射光；温室后墙张挂反光膜；在温度允许的情况下，尽量早揭和晚盖草苫，增加光照时间。

（4）整枝。番茄植株达到一定高度后就不能直立生长，可用尼龙绳吊蔓，减少遮光。采用单杆整枝，留3～4穗果后上留2～3片叶摘心，每果穗留4～5个果实。

（5）防止落花落果。在蘸花液中加入0.1%速克灵可湿性粉剂可防治灰霉病。蘸花可用2，4-D 10～20毫克/升，蘸刚开裂的花，蘸后液体多，可用食指轻弹一下；或用防落素30～40毫克/升，开3～4朵时喷花；或用沈农番茄丰产剂2号75～100倍

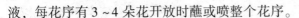

液，每花序有 3~4 朵花开放时蘸或喷整个花序。

（6）采收。番茄从开花到果实成熟的时间因品种和栽培条件而异，一般早熟品种 40~50 天，晚熟品种 50~60 天。果实成熟可分为绿熟期、转色期、成熟期和完熟期。作为商品果，当果实顶部着色达到 1/4 左右时进行采收为宜。

四、日光温室嫁接茄子长季节栽培技术操作要点

（一）品种选择

1. 砧木的选择

目前，常用的嫁接茄子砧木是托鲁巴姆。

2. 接穗的选择

目前最理想的接穗品种有布利塔、新龙等。

（二）育苗

1. 播期

日光温室嫁接茄子砧木的理想播期为 6 月。

2. 浸种催芽

（1）托鲁巴姆种子处理：托鲁巴姆出芽比较困难，一般用催芽剂进行处理后催芽，将种子袋内的催芽剂用 25 毫升温水溶解后把 5~10 克托鲁巴姆种子浸泡 48 小时，捞出后装入纱布袋中保湿变温催芽，白天温度保持在 28~32℃，夜间 18~20℃，每天翻动 1 次，用清水投洗 1 次，4~5 天开始出芽，50% 种子露白出芽后拌上适量细沙开始播种；也可以把托鲁巴姆种子用催芽剂浸泡 48 小时后直接播种；浸泡过程中注意投洗换水。

（2）苗床准备。托鲁巴姆苗床面积 5~10 平方米，营养土铺到苗床上 10 厘米厚，浇透水，播种后覆土 1~1.5 厘米厚，然后铺地膜或覆盖编织袋或麻袋片等保湿高温促进出芽，支竹拱防雨遮阴，播种后适宜土温是 20℃，气温保持在 28~32℃，夜间 20~25℃，超过 35℃时适当遮阴，出苗后白天温度 20~25℃，夜间温度16~18℃，不能低于15℃，始终保持土壤半干半湿状态。出苗后喷洒72.2%的普力克400~600倍液1次，隔7天再喷1次，防苗期猝倒病。

（3）接穗种子采用营养钵装上营养土直播的方式育苗，覆土1厘米厚。

（4）移苗。当砧木长到二叶一心时，播后30~40天移入9厘米×9厘米或10厘米×10厘米的营养钵内，如果天气炎热可适当遮阴。

（三）嫁接

茄子嫁接一般采用劈接。

当砧木长到6~7片叶，茎粗0.5厘米，接穗长到5~6片叶，株高10厘米时嫁接。

（四）嫁接后的管理

1. 湿度

嫁接后的苗坨（营养钵）摆在苗畦里靠紧摆放用水壶浇坨，浇透后支上竹拱扣膜。前6~7天内不用通风，湿度保持在95%以上。密闭期后每天通风1~2次，每次2小时左右，以后逐渐增加放风次数和延长通风时间，但仍要保持较高的空气湿度，每天中午喷清水1~2次，直到完全成活，才能转入正常管理。

2. 温度

白天25~30℃，夜间20~22℃，高于或低于这个温度都不利于接口愈合。

3. 光照

嫁接后，头3天全遮阴，第4~6天半遮阴。也可早晚不遮阴，中午遮阴，阴天不遮阴，晴天遮阴。以后随着接口渐渐愈合逐渐去掉遮阴物。10天后伤口基本愈合，转入正常管理。

4. 去掉分枝

叶腋间的分枝随时打掉，同时将苗钵疏开，以免影响正常生长。

5. 防治病害

此期间由于密闭、湿度大，容易发生叶霉病，在嫁接后 6 天和 13 天各喷 1 次百菌清防病。

（五）定植前准备、土壤处理

定植前，应深翻整地并施足底肥。因砧木的根系十分发达，水肥条件要求较高，故 667 平方米施优质农家肥 10~15 立方米以上，施磷酸二铵 50 千克，硫酸钾 20 千克，过磷酸钙 50 千克。每平方米撒多菌灵 6 克，布利塔、719 等。紫茄定植做高畦，畦高 15 厘米左右，上宽 80 厘米，下宽 100 厘米，过道沟宽 50 厘米，行距 50 厘米，株距 50 厘米，667 平方米保苗 1 400~1 600 株。安装软管微灌或两垄中间开暗沟以便浇水，上覆地膜提温保湿，并封好苗眼。接口处要高出地膜 3 厘米以上，以防嫁接刀口受到二次侵染，导致土传病害发生。

（六）定植后管理

1. 提高光照强度

茄子枝叶繁茂，株态开展，相互遮阴，光照不足，易出现植株徒长，花器发育不健壮，出现短花柱花，花粉粒发育不良影响受精，果实着色不好且易产生畸形果等现象。因此，对光照要求严格，应早揭晚盖草帘，保持棚膜清洁、干净，增加透光率。特别是阴雪天也要揭开草帘见些散射光。

2. 温湿度管理

定植后要密闭保温，促进缓苗。缓苗后室温应较缓苗前有所下降，白天温度保持在 23~28℃，超过 30℃放风；夜间 16~20℃，最低不能低于 13℃。要求空气湿度控制在 50%~60%，土壤保持湿润（湿而不黏），忌大水漫灌，宜小水勤浇，低温高湿时尽可能加强通风排湿，以减少发病机会。

3. 肥水管理

定植后浇足水，一般在门茄坐果前不浇水。当门茄进入瞪眼期开始浇水，同时追施以色列海法钾宝或硝酸钾每 667 平方米每次 8～10 千克（溶解后随水灌入暗沟中或微灌管内），进入结果盛期 5～7 天一水，要根据植株长势情况合理施肥，如长势较弱，适当增加氮磷肥，在原正常追施钾宝或硝酸钾同时每 667 平方米每次加施二铵 2.5 千克。隔水追肥 1 次，同时，应每 7 天叶面喷施磷酸二氢钾（大肥王）或宝力丰 1 次。

4. 植株调整

嫁接茄子生长势强，砧木会萌生新的侧枝，应及时摘除，以防止消耗营养影响茄子生长。同时，还要及时清理底部老叶子和无效枝当植株长到 40 厘米高时开始吊枝，每株只留双杆，每个节间留 1 个侧枝，每个侧枝留 1 个茄子后留 1～2 片叶去头封顶。吊绳要牢固，以防果实增加植株重量增大而坠秧，并及时绕绳，以利各枝条均衡生长。

5. 激素处理

为防止落花落果和促进果实迅速膨大，应采用激素处理，通常采用的是沈阳农大茄子丰收素和 25% 坐果灵，使用沈阳农大茄子丰收素每支对水 0.5～0.6 千克。使用 25% 坐果灵当室温高于 25℃ 时，使用浓度为 0.002%（即每毫升原药液加水 1.25 千克）。低于 25℃ 而高于 15℃ 时，使用浓度为 0.003%（即每毫升原药液加水 0.85 千克）。无论采用哪种激素处理都要注意以下事项：一是最好当天配制当天使用，使用时间宜在上午 10：00 之前。严禁中午烈日情况下蘸花。二是勿任意降低和提高使用浓度及重复喷花，以防无效或出现畸形果和裂果。三是按 0.1% 浓度加入速克灵可湿性粉剂，可防治灰霉病，如出现绵疫病，可在喷花药液中加入 0.1% 的 72.2% 普力克水剂。所建议使用的激素之使用方法是用手持小喷雾器喷洒于花。要注意不要喷到植株生长点和嫩叶上。

6. 病害防治

茄子的主要病害有绵疫病、褐纹病、灰霉病、花腐和果腐病，虫害有茶黄螨、蚜虫、白粉虱和斑潜蝇。无论是病害还是虫害都要遵循预防为主的方针。

（1）绵疫病。发病初期喷洒72.2%普力克水剂700～800倍液，或用70%乙磷锰锌或58%甲霜灵锰锌500倍液，80%大生M—45可湿性粉剂600倍液等进行防治。7～10天喷1次，连续防治2～3次，同时注意喷药保护果实。

（2）褐纹病。用58%雷多米尔锰锌或64%杀毒矾或70%乙磷锰锌可湿性粉剂500倍液，75%百菌清或47%加瑞农可湿性粉剂600倍液，视天气和病情隔10天左右喷1次，连续防治2～3次，并注意交替使用药剂，以提高效果。

（3）灰霉病。此病发生时必须注意农事操作会使病情蔓延，尤其使用激素蘸花或涂花是人为传播此病的途径，所以建议使用激素的方法是喷花。当发病时可使用50%速克灵1 000倍液，或用70%甲基托布津600倍液，或用65%甲霉灵1 000倍液，或用50%多霉灵700～1 000倍液，7～10天喷1次，连续喷3～4次。

（4）花腐和果腐病。可用58%甲霜灵锰锌500倍液，或用25%花腐绵疫速克1 000～2 000倍液，或用69%安克锰锌800倍液，或用75%百菌清600倍液，7天1次，连喷2～3次。

（5）茶黄螨。可用73%克螨特乳油2 000～2 500倍液或2.5%天王星乳油2 500～3 000倍液进行喷雾防治。

（6）蚜虫、白粉虱。可用黄板诱杀，药剂可用80%敌敌畏乳油1 000倍液，或用10%吡虫啉2 000倍液进行喷雾防治，也可用敌敌畏烟剂每667平方米200克熏蒸。白粉虱还可用10%扑虱灵乳油2 000倍液喷雾防治。

（7）斑潜蝇。可用1.8%爱福丁乳油（阿维菌素类）3 000～4 000倍液或40%绿菜宝1 000倍液喷雾防治。

五、日光温室黄瓜长季节栽培技术操作要点

（一）品种选择

选择耐低温、弱光，产量高、抗病品种。如天津黄瓜所的驰誉系列、中荷系列等。

（二）育苗

不管是新建棚还是老棚，要求必须使用嫁接育苗法，嫁接方法主要使用靠接法。

1. 播种

要先播黄瓜 5~7 天，把准备好的苗床用喷壶浇透水，按 2 厘米×3 厘米株行距在苗床上打成方框，芽朝下每个方框平摆一粒种子，摆好后覆土 1 厘米厚，南瓜按 2 厘米×2 厘米株行距播种，覆土 1.5~2 厘米厚。

2. 苗期管理

播种后，白天温度保持在 28~30℃，夜间 20~24℃，地温 18~20℃为宜，经 3~5 天即可出苗，幼苗出齐后白天温度保持在 20~24℃，前半夜 15~20℃，后半夜 13~15℃，地温 15℃。

3. 嫁接

黄瓜苗 12~15 天长到一叶一心，苗高 7~8 厘米。南瓜播后 5~7 天长到二片子叶夹一心时，苗高 6~8 厘米，此时嫁接最好。接后用嫁接夹固定栽到营养钵中。

4. 嫁接后管理

嫁接后 3 天内，白天温度保持在 25~30℃，夜间 17~20℃，地温 20℃左右，相对湿度达 95%以上，采取拱棚覆盖及遮光措施。嫁接后第 4 天起，白天 22~26℃，夜间 15~18℃，并逐渐见光通风，采用早晚见光，中午遮光的方法，7~8 天嫁接缓苗后可全见光，撤除小拱棚。嫁接缓苗后，白天温度保持在 22~26℃，前半夜 15~18℃，后半夜 11~13℃。定植前 7 天进行低温炼苗，

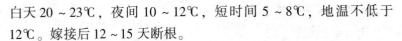

白天 20～23℃，夜间 10～12℃，短时间 5～8℃，地温不低于 12℃。嫁接后 12～15 天断根。

（三）定植

当秧苗 3～4 片叶，株高 12～15 厘米，苗龄 30～40 天定植。

1. 整地施肥

做 1.0～1.1 畦，畦中开二条沟，行距 40 厘米。100 米棚施过磷酸钙 100 千克，生物菌肥 40 千克，磷酸二铵 20 千克，硫酸钾 20 千克。

2. 定植方法

选择好天气，按株距 27～30 厘米进行定植，667 平方米保苗 3 400 株左右，栽后在两垄间浇水，水量不宜过大，缓苗水要浇透。缓苗后进行松土，隔 3～5 天连续松土 2～3 次，然后覆上地膜。

3. 定植后管理

（1）定植后最高温度不宜超过 35℃，最低温度不宜低于 6℃，灾害性天气想办法增温，保持白天温度 25～30℃，前半夜 15℃以上，后半夜 11～13℃，早晨揭帘时不低于 8℃。

（2）严冬季节管理以控为主，在根瓜长到 3～4 厘米时，在膜下沟中浇水，结合浇水追 1 次肥，100 米棚用磷酸二铵 15 千克，溶水后随水灌入，灌后地膜盖严，防止水分蒸发，增加室内湿度。2 月进入结果期，此时期 10～15 天 1 水，结合浇水追钾肥、磷酸二铵各 15 千克，并且要加强钙镁肥的施用，以后 7～8 天 1 水，随水追钾肥、磷酸二铵各 15 千克，本着"少吃多餐"的原则，小水勤浇，保证植株所需要的养分水分。

（3）保持棚膜清洁。用拖布擦掉棚膜上灰尘，尽量多透阳光，满足光照条件。

（4）及时摘除侧枝、老叶、雄花、卷须和多余的雌花，以减少养分消耗。瓜秧长到 1.8～2 米时，采用落蔓方法进行整枝。落蔓前，打掉下部老叶，落下茎蔓盘在植株的基部。

（四）结果期管理

1. 温度管理

一般秋冬茬黄瓜在新年前后就开始采收了，必须把保温作为重点来抓。保温的主要措施就是尽量小放风，短时间放风。在1~2月两个月里，白天温度超过35℃再放风，放风一般不超过2个小时，大部分时间内棚室保持25℃以上，温度低于20℃时放草苫子，以便保持棚室温度。前半夜棚室在18℃以上，早晨温度达到12℃左右。

2. 水肥管理

这一时期千万少浇水，要求必须使用滴灌或渗灌，每次滴灌时间不超过2小时，5~7天滴1次，每次必须冲肥，肥以生根促瓜的为主。

（五）后期管理

后期管理主要是落秧问题，提倡勤落秧，秧子高度保持在1.3~1.6米范围内，使秧苗高度不超过1.6米。每次落秧0.3米左右，不要落的过矮，或采用落蔓夹，或卷杆落蔓法。

（六）及时防治病虫害

注意遇到不良气候或低温时，极易出现花瓜、花打顶、弯瓜等生理病害。

注意霜霉病的防治，一是控制发病条件，进行科学管理；二是用药剂防治：用杜邦克露500倍液或瑞毒锰锌500倍液或普力克500倍叶面喷施，每7~10天1次，连续喷3~4次。防治细菌性角斑病用30%DT杀菌剂500倍液，或用农用链霉素200毫克/千克对甲霜灵锰锌500倍液混合，每隔7~10天1次，连续喷2~3次。防治灰霉病可在发病初期喷50%速克灵500~800倍液，对灰霉灵800倍液混合喷施，施佳乐600倍液，7~10天1次，连续喷2~3次。

另外，要注意防治斑潜蝇和白粉虱。

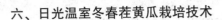

六、日光温室冬春茬黄瓜栽培技术

（一）品种选择

选用抗病虫、抗逆性强、适应性广、商品性好、产量高的黄瓜品种。冬春茬要耐弱光、耐低温、早熟，始花节位低，第一雌花节位在 2～5 节，如津绿 3 号和津优 35 号等。

（二）育苗

阜新地区冬春茬黄瓜栽培宜于 11 月上中旬至 12 月上旬在日光温室内播种育苗，不采用嫁接的日历苗龄以 35～45 天，3～4 片真叶为宜，不宜过长，以防花打顶和老化。播种时间依设施内的温度而定，1 月最低温度在 12℃ 以上可任意期播种。

嫁接育苗目前生产上应用较多的嫁接方法为靠接，该法嫁接成活率高，群众易掌握。当砧木 2 片子叶展开，黄瓜苗刚出现真叶时为嫁接适期。可先将接穗和砧木播于畦中，接穗先播，砧木在黄瓜露出一片真叶时播种，砧木子叶展开刚露心，接穗 2 片真叶展开，第 3 片真叶刚露为嫁接适期。采用靠接先用刀片或竹签去除砧木生长点和侧芽，然后在生长点下 1 厘米处用刀片向下切约 1/2 茎粗的斜口，黄瓜在生长点下 1.5 厘米处向上切 2/3 茎粗的斜口，砧木、黄瓜切口的斜面长度约 1 厘米，切口要平整，有利于伤口愈合。将二者切口对插嵌合，双方的子叶呈十字形交叉，并用嫁接夹夹好固定，最后同埋在一个营养钵中，注意两根分开一定距离，利于以后断根。

（三）定植及管理

1. 整地

冬春茬黄瓜生长期长，需肥量大，定植前要精细整地，施足底肥。土壤深翻 25～30 厘米，采用大行距 70 厘米，小行距 50 厘米的高畦（畦高 15 厘米）栽培，覆盖地膜，下设滴灌管。

2. 定植方法

当棚内气温稳定在12℃以上，10厘米地温稳定在10℃以上时开始定植。定植前1周每667平方米用硫磺粉2~3千克、敌敌畏0.25千克，拌上锯末（4~6千克）分堆点燃后密闭熏蒸一昼夜。阜新地区一般在1月下旬定植，定植日期选择"寒尾暑头"的晴天上午，栽苗时注意以嫁接口不接触地面为宜，株距25厘米，667平方米栽3 500~4 000株。

3. 定植后管理

（1）温度管理：定植后缓苗前以闭棚提温促根为主，棚内温度白天保持在28~30℃，夜间15~20℃；缓苗后白天25~28℃，夜间12~15℃；3月以后，外界气温逐渐回升，日照时间加长，要逐渐加大通风量，白天最高温度不超过32℃，夜间控制在12~14℃。

（2）肥水管理：冬春茬黄瓜施肥的原则本着前轻后重。方法是随水膜下冲施。缓苗后视情况适当浇1次缓苗水，留根瓜坐住这段时间不需浇水。若干旱可选晴天中午适当浇小水。根瓜采收后，黄瓜进入生长盛期，要及时跟上肥水。结合浇水，667平方米施入黄瓜专用冲施肥15千克左右。以后每隔1周浇水二次，每隔1水冲施1次肥水。为延长收瓜期。可结合追肥管理进行叶面喷肥，一般10天左右1次。

（3）植株调整：①吊蔓、缠蔓。瓜蔓长到20厘米左右时，开始吊蔓。每株瓜苗一根细尼龙绳，绳的一端系在瓜苗行上方的铁丝上。另一端打宽松活结系到瓜苗基部，并将瓜蔓绕缠到绳上，用绳固定住瓜蔓，随着瓜蔓的不断伸长，定期将蔓缠到吊绳上。②落蔓。当瓜蔓爬到顶后开始落蔓，要选晴天下午进行。落蔓前，先将瓜蔓基部的老叶和瓜条摘下来，然后将瓜蔓基部的绳松开，将瓜蔓轻轻放下，在地膜上左右盘缠，不要让嫁接部位与土接触，每次下放高度以功能叶不落地为宜。调好瓜蔓高度后，

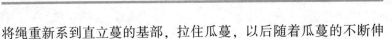

将绳重新系到直立蔓的基部，拉住瓜蔓，以后随着瓜蔓的不断伸长，定期落蔓。

（注：春大棚黄瓜栽培技术可参照此实施）

七、日光温室冬春茬薄皮甜瓜栽培技术

（一）品种选择

宜选择早熟、耐低温、耐弱光、抗病性强、坐瓜容易、耐运输、糖度高、品质佳的品种，目前适宜阜新市种植的品种有翠宝、永甜 11 号、富尔 6 号、领航 3 号等。

（二）育苗

阜新地区温室冬春茬薄皮甜瓜栽培宜于 11 月中旬至 12 月上旬在日光温室内播种育苗。自根苗育苗要选用未种过瓜类作物的肥沃园田土和充分腐熟的优质农家肥，播种前种子需要晒种消毒，定植前 7 天通风炼苗。

嫁接育苗：采用嫁接育苗比自根育苗提前 10 ~ 15 天播种。可先将接穗播于畦中，接穗先播，砧木在薄皮甜瓜种子露出一片真叶时（10 天左右）播种于 8 厘米 ×8 厘米的营养钵中，砧木子叶展开刚露心，接穗 2 片真叶展开，第 3 片真叶刚露为嫁接适期。采用靠接法先用刀片或竹签去除砧木生长点和侧芽，然后在生长点下 1 厘米处用刀片向下切约 1/2 茎粗的斜口，薄皮甜瓜在生长点下 1.5 厘米处向上切 2/3 茎粗的斜口，砧木、薄皮甜瓜切口的斜面长度约 1 厘米，切口要平整，有利于伤口愈合。将二者切口对插嵌合，双方的子叶呈十字形交叉，并用嫁接夹夹好固定，最后同埋在一个营养钵中，注意两根分开一定距离，利于以后断根。嫁接 3 天后，每天可揭开薄膜两头换气 1 ~ 2 次，5 天后增加通风量，7 ~ 10 天后基本成活，开始正常管理。12 ~ 15 天后断根和去萌蘖。

（三）定植及管理

1. 整地

精细整地，要求土壤耕层深厚、肥沃、疏松透气性好，用大行距 70 厘米，小行距 40 厘米的高畦（畦高 15～20 厘米）栽培，覆盖地膜，下设滴灌管。

2. 定植方法

当棚内气温稳定在 12℃ 以上，10 厘米地温稳定在 10℃ 以上时开始定植。阜新地区一般在 1 月下旬定植，定植日期选择"寒尾暑头"的晴天上午，栽苗时注意以嫁接口不接触地面为宜，株距 25 厘米，667 平方米保苗 4 000～4 500 株。

3. 定植后管理

（1）温湿度管理。缓苗阶段要求较高的温度，白天保持 28～32℃，夜间 18～20℃，此期要封严塑料棚，定植后如遇寒流天气要加强保温，可在棚内畦上覆盖小拱棚，防止冻苗。缓苗后适当通风降温，白天 25～30℃，夜间 15～18℃ 为宜。坐瓜后可适当提高温度，白天保持 28～32℃，夜间 15～18℃，随着温度的升高，注意通风、防止高温伤苗和瓜秧早衰。薄皮甜瓜要求适宜的空气湿度，相对湿度以 50%～60% 为宜，长期高于 70% 易发生病害。

（2）水肥管理。坐瓜前应不旱不浇水，也不追肥，特别是在花期不能浇水。坐瓜后适时浇水，应保持地面湿润，万不可用干旱来防病控苗。当幼瓜长到鸡蛋大小时浇催瓜水，结合浇水 667 平方米施入磷酸二铵 10 千克，硫酸钾 10 千克。果实膨大期需钾肥最多，要求土壤水分充足，果实停止膨大到收获要控制浇水，维持较低的土壤温度。结瓜期结合喷药进行叶面追肥（0.2% 磷酸二氢钾等）2～3 次，花期喷洒 0.1% 的硼砂以利坐果。

（3）整枝。采用吊蔓整枝，当主蔓长出 5～6 片叶时，吊主蔓，中部 10～16 节位连留 4～6 个子蔓留瓜，其余子蔓全部去掉，待果坐住后选留 4 个瓜，瓜前留 1～2 片叶。主蔓 25～30 节时打

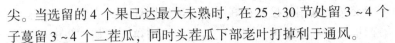

尖。当选留的 4 个果已达最大未熟时，在 25～30 节处留 3～4 个子蔓留 3～4 个二茬瓜，同时头茬瓜下部老叶打掉利于通风。

（4）授粉。雌花开放后，人工授粉或激素喷花的最佳时间是上午 8：00～10：00，在晴天上午露水散开后进行人工授粉或蜜蜂授粉，或喷施坐瓜灵、防落素等，浓度以剂型说明为准。

（5）采收。收获前 1 周停止或控制浇水。瓜成熟时出现品种特有的颜色、花纹，嗅脐部有香味，但最好是根据标记授粉后据品种成熟日期的天数来确定。

八、薄皮甜瓜春大棚栽培技术

（一）品种选择

春棚栽培甜瓜必须选用早熟、耐寒、抗病性强、耐运输、糖度高、品质佳的品种。如目前阜新市栽培的有永甜 11 号、富尔 6 号等。

（二）育苗

阜新地区春大棚薄皮甜瓜栽培宜于 2 月下旬至 3 月上旬在日光温室内播种育苗。自根苗育苗选用未种过瓜类作物的肥沃园田土和充分腐熟的优质农家肥，按体积 6：4 配制，种子消毒后选择晴天上午播种，营养钵浇透水，每个营养钵播 1～2 粒种子，然后均匀覆盖 1 厘米厚的湿润营养土，再覆盖地膜增温保湿。

采用嫁接育苗比自根育苗提前 10～15 天播种。可先将接穗和砧木种子播于畦中，接穗先播，砧木在薄皮甜瓜露出一片真叶时（约 10 天左右）播种，砧木子叶展开刚露心，接穗 2 片真叶展开，第 3 片真叶刚露为嫁接适期。采用靠接法先用刀片或竹签去除砧木生长点和侧芽，然后在生长点下 1 厘米处用刀片向下切约 1/2 茎粗的斜口，薄皮甜瓜在生长点下 1.5 厘米处向上切 2/3 茎粗的斜口，砧木、薄皮甜瓜切口的斜面长度约 1 厘米，切口要平整，有利于伤口愈合。将二者切口对插嵌合，双方的子叶呈十字形交叉，并用嫁接夹夹好固定，最后同埋在一个营养钵中，注意两根分开一定距离，利于以后断根。嫁接 3 天后，每天可揭开薄膜两头换气 1～2 次，5 天后增加通风量，7～10 天后基本成活，开始正常管理。12～15 天后断根和去萌蘖。

（三）定植及管理

1. 整地

精细整地，要求土壤耕层深厚、肥沃、疏松，做成高 15 厘米的高畦，覆盖地膜，下设滴灌管。

2. 定植方法

当棚内气温稳定在 8℃以上，10 厘米地温稳定在 10℃以上时开始定植。阜新市一般在 4 月上旬定植。大棚内采取三膜或四膜覆盖可提前定植，定植时选择晴天上午。按 25 厘米株距开穴，穴内先浇足底水，然后栽苗封埯滴透水。

3. 定植后管理

（1）温湿度管理。缓苗阶段要求较高的温度，白天保持28～32℃，夜间 14～16℃，此期要封严塑料棚，定植后如遇寒流天气要加强保温，可在棚内覆盖小拱棚，防止冻苗。缓苗后适当通风降温，白天 25～28℃，夜间 15～18℃为宜。坐瓜后可适当提高温度，白天保持 28～32℃，夜间 16～18℃，随着温度的升高，注意通风、防止高温伤苗和瓜秧早衰。甜瓜要求较高的空气湿度，相对湿度以 50%～60% 为宜，长期高于 70% 易发生病害。

（2）水肥管理。坐瓜前应不旱不浇水，也不追肥，特别是在花期不能浇水。坐瓜后适时浇水，应保持地面湿润，万不可用干旱来防病控苗。当幼瓜长到鸡蛋大小时浇催瓜水，结合浇水 667 平方米施入磷酸二铵 10 千克，硫酸钾 10 千克。结瓜期结合喷药进行叶面追肥（0.2% 磷酸二氢钾等）2～3 次，花期喷洒 0.1% 的硼砂以利坐果。

（3）整枝。采用三蔓整枝法，主蔓留 4 片真叶摘心，子蔓长

出后每株留 3 条健壮子蔓，每条子蔓在 2 ~ 3 节坐瓜，瓜前留2 ~ 3
叶摘心，子蔓出现孙蔓只留一枝顶蔓，其他全部摘除。每个瓜保
证 6 ~ 8 片功能叶制造养分。若因某种原因子蔓无雌花时，马上
摘心，长出孙蔓结瓜。每株留 4 ~ 5 个瓜为好。整枝摘心必须及
时，但整枝摘心也不应过早过狠，以免影响植株生长。整枝摘心
应在晴天上午进行，以利伤口愈合，减少病害发生。

（4）授粉与翻瓜。雌花开放后，在晴天上午进行人工授粉，
使用防落素等蘸花，瓜坐后可在瓜下垫草、选择晴天翻瓜提高商
品性。

（5）采收。收获前一周停止或控制浇水。瓜成熟时出现品种
特有的颜色、花纹，嗅脐部有香味，但最好是根据标记授粉后据
品种成熟日期的天数来确定。

九、日光温室西葫芦长季节栽培技术操作要点

（一）确定播种时间和品种：

越冬西葫芦的播种时间应掌握在 10 月 20 日以后。播种过早，
容易感染病毒病、银叶病、影响产量，造成经济损失。选择耐
寒、耐弱光、短蔓较小、株型紧凑、不易徒长的优质西葫芦品
种，如法国的冬玉、凯撒、法拉利，早青一代、一窝猴、早丰、
花叶西葫芦、阿太一代等品种

（二）育苗

1. 营养土的配制

用 7 份未种过瓜类作物的菜园土与 3 份充分腐熟的农家肥，
混合均匀后过筛，每立方米中加入多菌灵或百菌清 100 克或敌克
松 200 克，再加入阿维菌素 60 ~ 80 克，搅拌均匀，用旧薄膜封严
闷 3 ~ 5 天后装钵（严禁使用压碎的麦秸或稻草作为营养土，否
则易发生沤根现象）。将装好的营养钵均匀地摆放到平畦内，灌
透水，待水渗下后，用一小铲在营养钵的中间挖一个小窝，窝的

深度为1厘米，直径至少1厘米。

2. 播种

营养钵全部挖完后开始播种，将一粒干种子平放于穴内，播完后覆盖2厘米左右的细潮土，覆盖地膜，保持土壤湿度。种子有30%的拱土迹象时，马上将地膜撤掉，搭起拱架，覆盖60目的防虫网，防治蚜虫、白粉虱；幼苗出齐后，可用绿亨一号，或代森锰锌，或立枯净等加农用链霉素对幼苗进行喷雾，5~7天后再喷1次防治立枯病、猝倒病。

3. 苗期管理

出苗前温度可以达到25~30℃，出苗后尽量控制在白天20~22℃，夜间8~10℃；在底水灌透的情况下，苗期一般不浇水，若干旱时，可隔网喷淋一次；幼苗长至一叶一芯或真叶刚刚显露时即可定植，定植前1~2天喷1遍病毒A（或其他治病毒的药）+保力丰（或叶面肥）+阿维菌素，防治病毒病、蚜虫、白粉虱；整个育苗期都要防止雨水浇灌幼苗和烈日曝晒幼苗。

（三）定植

定植前20~30天每667平方米将15~20立米完全腐熟的鸡粪撒入土壤深翻30厘米后，在定植前1星期再施入100~150千克复合肥、硫酸锌5千克、硫酸镁5千克、硼砂3千克，做畦。在棚内按东西距离为180厘米，进行南北划线：顺线各起宽50厘米左右的小垄，形成平畦，垄高15~20厘米：在平畦内再起两个小垄，高度应略低于平畦的垄高，使两小垄中间的垄沟略宽一些。定植密度大行100厘米，小行80厘米，株距65~80厘米。在穴内施入多菌灵（或百菌清）+防治线虫、蝼蛄等地下害虫的药，与穴土混匀后放苗，覆土深度与苗坨、垄顶齐平，若不用杀菌剂的可用酵素菌（每50米棚2.5~3千克）+防治线虫、蝼蛄等地下害虫的药；整棚定植后，浇足定植水，每667平方米随水冲施2袋NEB（恩益碧），促根壮秧，减少死棵。

（四）定植后至根瓜座住前的管理

1. 划锄松土

定植水浇完后，能划锄时尽早划锄，注意不要划伤嫩茎，结合划锄松土，重新整理垄面，将地面的裂缝全部封严。

2. 覆盖地膜

覆盖条幅为 2 米宽的地膜，要求全部覆盖地面。

3. 温度管理

加大通风，白天温度保持在 18～20℃，夜间温度 8～10℃。

4. 水分管理

定植水浇足后至根瓜坐住前一般不浇水，出现干旱萎蔫时，膜下溜一小水，不可浇水过大，造成徒长。

5. 植株调整

在温度、水分控制不住时，用多效唑控制，1.5 克多效唑对 15 千克水喷 600 株。植株长势弱应及早去掉根瓜，长势旺或略有徒长时应适当晚去，但不能过大。

（五）结瓜后的管理

1. 温度管理

结瓜后西葫芦适宜的温度为白天 20～22℃，夜间 10～12℃。

2. 肥水管理

深冬地温低，根系吸肥水能力弱，追肥应以腐殖酸、黄腐酸及生物肥料加硝酸钾为主，并多喷施叶面肥；浇水应在上午 10：00点至13：00 进行，浇水后及时通风排湿，防止病害发生；返春后追肥要掌握三元素复合肥和硝酸钾交替施用；底肥不足、鸡粪施用量少的种植户，追肥应以腐殖酸、黄腐酸加硝酸钾、三元素复合肥料为主，要掌握勤浇水、勤施肥，保持土壤湿度，但不可一次性施肥，浇水过大。

3. 授粉

花瓣开始由绿变黄、微微张开时，为最佳授粉时间，在 18～

30℃的温度范围内均可授粉，可以 2 天抹 1 次，不须每天抹；注意：阴天不宜 抹瓜，有露水时不宜抹瓜，温度过高过低不宜抹瓜；不宜在开花后用喷壶或毛笔处理花芯。

4. 植株调整

越冬西葫芦整个生育期要经过由高温到低温再到高温的过程，所以必须因气温的不断变化，适当调节留瓜数量，从而获得高产优质的瓜条。

（六）采收

建议整个生育期，都要采摘 400 克左右的小瓜，尽量不采 500 克以上的大瓜，采摘时用手拧下，不可用刀割。

（七）病虫害防治

1. 病毒病

危害叶片及全株，叶片呈现绿色深浅相间的花斑，植株矮化，心叶皱缩，叶片变小丛生。主要是由种子带毒引起的，所以选用无毒种子是防治该病的关键。

2. 霜霉病

主要危害叶片，发病初期叶背部出现不均匀的褪绿和黄化，以后扩展为多角形褐色病斑。潮湿时，叶背面病部出现灰黑色毛霉，后期叶片变黄干枯。霜霉病的防治，主要靠控制环境，详见黄瓜防治霜霉病部分。

3. 白粉病

主要危害叶片，也危害叶柄和茎蔓。初期病斑为圆形白色粉点，严重时遍及全株，致使叶片变黄枯死。防治方法参见草莓防治白粉病部分。

4. 灰霉病

主要危害幼瓜，病菌先侵入开败的花，长出灰褐色霉层后，再侵入瓜条，造成脐部腐烂。防治方法见黄瓜防治灰霉病部分。

另外，防止茎基腐病造成死棵。严防蚜虫、白粉虱等内吸式类的昆虫。

十、春大棚西瓜栽培技术要点

（一）品种选择

春大棚栽培的西瓜应选用耐低温、耐弱光、早熟、优质、抗病、丰产、耐贮运的优良品种，如龙盛3000、抗裂京欣、特大京欣、地雷等。

（二）育苗

阜新地区大棚春茬西瓜栽培宜于2月下旬至3月上旬播种育苗，4月上旬定植。重茬地栽培西瓜应选用嫁接苗，目前嫁接技术多采用插接，即在砧木种子播种7天左右后或砧木种子出土时播种经催芽的西瓜种子，当接穗子叶半展开，砧木第1真叶出现到刚展开为嫁接适期。方法是先用刀片削除砧木生长点，然后用竹签（粗度与接穗下胚轴相近，削成楔形，楔面积1~1.5厘米）在砧木切口斜插约1厘米小孔，将接穗于子叶节向下削成1厘米的楔形面，插入砧木孔即可。接穗与砧木子叶方向一致。

（三）定植及管理

1. 整地

精细整地，土壤深翻30厘米以上。

2. 定植密度

行距1.6米，株距0.5米。

3. 定植方法

按行株距要求，开穴定植，定植时浇足定植水，定植穴内覆土2/3，两三天后再覆满，以利提高穴内地温，促根早扎。

4. 定植后管理

（1）温度管理。定植到缓苗3~5天内温度白天30~35℃，夜间15~20℃，发新叶后降温，控制在25℃左右。在雄花和雌花开放时，温度升至28~30℃，但不能太高，温度太高致使棚内空气干燥，雄花花粉过干，不易授粉。

（2）水肥管理。在施足有机肥的条件下，坐果前可不施肥，如果发现缺肥可追施复合肥 20 千克/667 平方米，但不要偏施氮肥如尿素以免化花。当瓜长到拳头大小时要施 1 次膨瓜肥，追施 K_2SO_4 型复合肥，不要偏施氮肥，偏施氮肥瓜品质差，667 平方米施用量 40 千克。

（3）整枝及人工授粉。采用三蔓整枝法，在主蔓 5~8 片叶时选留 2 个健壮侧蔓，除掉其余芽蔓。人工授粉时间是每天 9：00~10：00，将当天开放的雄花花粉涂在当天开的雌花柱头上，同时做日期标记。

（4）垫瓜与翻瓜。当瓜长到一定程度时，用草圈垫瓜。当瓜的体积不再膨大后，每 3 天将瓜转动方位 1 次，使瓜全面受光。

（5）采收

一般授粉后 30 天左右采收（据日期标记和成熟期而定）。

十一、日光温室草莓高效栽培技术

（一）园地选择

应选择地势较高、地面平坦、土质疏松、土壤肥沃、酸碱度适宜，排灌方便、通风良好的温室沙壤土地块。

（二）品种选择

目前应用较好的品种有红颜（99）、丰香、幸香、春香、玛丽亚、童子一号等。

（三）育苗

4 月上旬引进欲种植的品种原种苗，定植在长 5.0 米，宽 1.5 米的平畦中，先将平畦 667 平方米施 4 000~5 000 千克腐熟农家肥，40 千克三元复合肥，深翻、平畦、覆地膜，定植原种苗，每畦 2 行，株距 50 厘米。浇透水后，封苗垵，待 5 月，苗子开始抽蔓时，撤膜，之后保持土壤疏松并湿润，加速草莓抽枝蔓，产生

不定根，培育新苗。每株原种苗经高温伏雨季节后可产 50～80
株生产苗。

（四）定植及管理

1. 定植前准备

每 667 平方米施入充分腐熟优质农家肥 5～6 立方米或鸡粪
3～4 立方米，混合氮、磷、钾复合肥 50 千克。肥料施入地表后
要进行土壤深翻，然后耙平，用锹拍压成南北向高台，台距 80
厘米，台高 30 厘米，垄顶宽 40 厘米，定植前 1 周浇 1 次水。

2. 定植方法

一般在 8 月下旬至 9 月上旬较适宜，过早或过晚都不利于草
莓高效栽培。每垄栽两行，株行距 15 厘米×25 厘米，667 平方米
保苗 8 000～11 000 株。栽时达到"深不埋心，浅不露根"。同时
要注意栽植方向，草莓茎的弓背朝向高台的两侧，结果时花序伸
向两侧，易通风透光，提高果实品质。

3. 扣棚前管理

定植后要及时浇透水，缓苗后要控制肥水，以利于花芽分
化，最好采用滴灌措施，保持土壤湿润即可，浇水过量不利于草
莓生长，缓苗期要及时摘除枯叶、病叶、匍匐茎。

4. 适时扣棚保温

在 10 月上中旬，即霜冻到来前，夜温度降至 5～8℃ 时进行
扣棚，扣棚后随气温下降要加盖草帘，扣棚后 10～15 天，铺盖
黑色地膜，同时破膜提苗，并在垄上行间打一行洞用于追肥。摘
除萎蔫黄叶，只留 1～2 片新叶。当新叶已开始生长时，喷 20 毫
克/升倍赤毒素 1～2 次，促进生长和果柄伸长。

（五）定植扣棚后管理

1. 温湿度管理

（1）温度调节：保温 7～10 天，白天控制在 25～30℃，夜
间 12～15℃；开花期适宜温度为 14～21℃，白天应控制在 22～

25℃，夜间 8～10℃；果实膨大期，白天控制在 20～25℃，夜间6～8℃；果实采收期，白天控制在 20～25℃，夜间 5～7℃。通过放风和揭盖草帘来调节温度。

（2）湿度调节：保温阶段湿度控制在 70%～80%，花期对湿度较敏感，适宜湿度为 30%～50%，果实膨大期湿度为 60%～70%。湿度过高易产生各种病害，因此，在整个生育期内湿度不得超过 80%，一般调节湿度与调节温度相结合，多采用中午前后放风进行调节。

2. 肥水管理

一般在保温前、盖地膜前各浇 1 次水，以后每次追肥后都浇 1 次水，以采用滴灌方式最好。可以在早晨观察叶片，若发现叶缘有水滴吐出，则表示水分充足，否则需浇水。追肥：在施足底肥的基础上，为促进草莓生长发育必须追施速效性肥料，在花芽分化期，为促进草莓花芽早分化，要少用氮肥，可用磷、钾肥。花芽分化后 10 天，应追施氮肥，促进花芽发育。开花、果实膨大及采收前期要分别追施复合肥，每次每 667 平方米追施复合肥10～15 千克，或尿素 5 千克，磷酸二铵 10 千克，硫酸钾 5 千克，可结合浇水一起施入。

3. 整枝及人工授粉

一般除保留主芽外，还要保留 2～3 个侧芽，过多的侧芽要全部去除，同时还要及时去除老叶和匍匐茎，以减少植株的营养消耗。要进行疏花疏果，每序留 5～7 个果，及时摘除病、虫、畸型等残次果。花期每个温室内放一箱蜂，利用蜜蜂传粉来提高坐果率。放蜂期间不要喷施农药，放蜂时适宜温度为 13～20℃。

4. 赤霉素处理

赤霉素有促进草莓生长，打破休眠和提早成熟的作用。喷赤霉素时间可在保温后至花蕾 30% 出现之前喷 2 次：第 1 次用 1 克赤霉素加水 90 千克（10 毫克/千克）；间隔 10 天后进行第 2 次喷

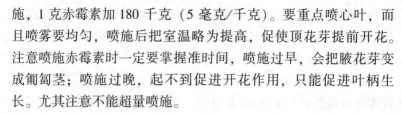

施，1 克赤霉素加 180 千克（5 毫克/千克）。要重点喷心叶，而且喷雾要均匀，喷施后把室温略为提高，促使顶花芽提前开花。注意喷施赤霉素时一定要掌握准时间，喷施过早，会把腋花芽变成匍匐茎；喷施过晚，起不到促进开花作用，只能促进叶柄生长。尤其注意不能超量喷施。

5. 采收

一般在温室栽培情况下，元旦至春节期间可以上市。草莓必须在果面 70% 以上呈现红色时方可采收，冬季和早春温度低，要在 80% ~90% 成熟时采收，早春过后温度逐渐回升，采收期可适当提前。每 1 ~2 天采摘 1 次，采摘应在上午 8：00 ~10：00 或16：00 ~18：00 进行，不摘露水果和晒热果，以免腐烂变质。采摘时要轻摘、轻拿、轻放，不要损伤花萼，同时要分级盛放并包装。每次采收都要将成熟适宜的果实采净。

选择长 50 ~70 厘米，宽 30 ~40 厘米，高 15 ~20 厘米的塑料（硬纸板或薄木）箱，箱内嵌入软纸或塑料泡沫，将果实轻轻放入箱内，按同方向排齐，使上层的果柄处于下层果的果间。大型果放 3 ~5 层，小型果放 5 ~7 层，定量封盖，系好标签，注明产地、品种、等级和数量。

用冷藏车或有棚的卡车在车厢上垫草帘，将果箱挨紧，排放1 层，上面盖纸后再横向排放第 2 层，装箱至 3 ~5 层，最上层果箱加盖防尘罩、封车。

（六）病虫害防治

在病虫害防治上要贯彻无公害生产技术要求，坚持"预防为主、综合防治"的原则，采用物理防治、化学防治和生物防治相结合。特别是在化学防治上尽量选用高效低毒、低残留农药。

1. 白粉病

加强管理，增施有机肥，合理修剪，及早防治，生长迅速期可用 300 克/升醚菌酯·烟酰菌胺 1 000 倍液，或用 50% 翠贝

3 000倍液，或用99.1%绿颖300倍液混加叶福1 500倍液，或用5%腈菌唑1 500倍液，或用40%福星4 000倍液进行喷施。

2. 灰霉病

每隔10天连喷2～3次25%瑞毒霉1 500～2 000倍液，或用抑菌灵可湿性粉剂500～800倍液，或用克菌丹可湿性粉剂800倍液。

3. 炭疽病

5～6月为植株染病期，8～9月为发病高峰期，需喷药预防。药剂预防效果较好的有大生80%代森锰锌可湿性粉剂、使百克25%咪鲜胺乳油、百泰60%唑醚·代森联水分散粒剂、凯润250克/升吡唑醚菌酯乳油等。在5～6月每隔7～10天喷1次药，7～8月每隔5～7天喷1次药，交替使用。7～8月高温期，在阵雨后喷补1次药。叶面、叶背、匍匐茎均匀喷施。

4. 疫病

植株各部分均可被害。叶片受害，出现大块不规则的水浸状褐斑，背面生白霉状物，为病原菌的子实体。叶蔓变褐色，也生白霉状子实体；可喷施25%瑞毒霉500倍液2～3次，64%杀毒矾可湿性粉剂500倍液。

5. 红蜘蛛

春季发芽时喷0.3波美度石硫合剂加0.3%粉衣粉，6～8月间喷73%克螨特3 000倍液或40%三氯杀螨醇1 000倍液。

6. 蚜虫

可选用吡虫啉类如10%吡虫啉2 500～3 000倍液喷施。间隔10～15天1次，连喷2～3次。

7. 草莓芽线虫病

培育无虫苗，切忌从被害园繁殖种苗。繁殖种苗时，如发现有被害症状的幼苗及时拔除烧毁，必要时进行检疫，严防传播。选用抗线虫品种。实行轮作：避免残留在土壤中的线虫继续为害。加强田间管理。尤其要加强夏季苗圃的管理，以防线虫密度逐渐升高，酿成大害。在花芽分化前 7 天或定植前用药防治，对压低虫口具重要作用。给水后不要用药，以减少污染。用 50% 硫磺悬浮剂 200 倍液，或 80% 敌百虫乳剂 500 倍液，或 50% 敌敌畏乳油 800 ~ 900 倍液。

十二、日光温室韭菜栽培技术要点

（一）品种选择

1. 不休眠类型

791、嘉兴白根等，适于当年播种至春节收获完（刨根）。

2. 休眠类型

汉中冬韭等，适宜越冬早春中小拱棚栽培。

（二）育苗

韭菜保护地栽培，其播种形式可分为直播和育苗移栽两种。播种时期阜新地区一般在 3 月末至 4 月上旬，宜早不宜晚。直播，一般 667 平方米施优质腐熟农家肥（最好用鸡粪）5 000 ~ 8 000 千克，尿素 20 千克，磷肥 50 千克，复合肥 50 千克，深耕细耙，达到上实下虚，平坦无坷垃，然后做畦，畦宽 1.2 米，播后覆 1 厘米厚的细土，小水勤浇，保持湿润，确保全苗。育苗移栽，苗床地要求比直播地整的更细致，苗床与栽培面积之比一般为 1：（3 ~ 5）。播种方法与直播不同的是窄行距浅沟条播，行距 10 厘米，沟深 2 ~ 3 厘米。也可进行撒播。出苗后加强水肥管理，待苗子具 4 ~ 5 片真叶时，及时移栽。行距 25 ~ 35 厘米，穴距 6 ~ 8 厘米，每穴 8 ~ 10 株，定植深度依种植年限可深可浅，一般 8 ~ 12 厘米，移栽时间不宜过迟，否则生产时间短，难以达到高产目的。

（三）定植及管理

1. 扣棚前的管理

当年直播的韭菜，易形成草荒，所以扣棚前应在水肥管理的同时及时中耕锄草。立秋后天气逐渐凉爽，是养分积累的关键时期，除随水施肥外，还应喷施微肥、植物生长调节剂等。此时多年生的老韭菜要抽薹、开花，养分消耗量大，严重影响韭菜的产量，应根据当地习惯，力争早打薹、采花，减少养分的消耗。扣棚前7~8天，也要割残韭锄杂草，搂净地面。667平方米施腐熟人粪尿2 000千克，复合肥30千克，硫酸亚铁5千克，硫酸锌、硫酸锰1千克，667平方米顺水冲施1~1.5千克50%辛硫磷乳油。

2. 扣棚时间

在日光温室栽培的休眠韭菜于冬至（11月7日）扣棚，在春季中小拱棚栽培可于春节前扣膜，但拱架在11月上旬支好，不休眠的10月以后扣膜，连续割刀。

（四）扣棚后的管理

不休眠韭菜，扣棚早，气温高，要及时放风，避免徒长与病害发生。休眠的韭菜，初扣棚时温度要高，以利于打破休眠，促其萌发，待幼苗长出后棚温应控制在16~22℃，超过24℃时要加强通风，夜间保持6~10℃，低于5℃时要加盖草苫。

扣棚后要严格控制浇水，避免棚内湿度过大。生长旺期应增施 CO_2 气肥，以提高光合效率。不休眠韭菜从扣棚到割青韭需30天左右，且第一茬产量高。因此，收割可依市场情况定。每茬割后667平方米施复合肥10千克，休眠型韭菜从扣棚到割第一茬青韭，需40多天，第二刀28天左右可割，以后依据市场行情提前或延后，一般可割3~4茬。韭菜割完即可刨掉，适时定植其他作物。

（五）病虫害防治

1. 病害

（1）灰霉病。栽培上注意加强放风，控温降湿。药剂防治可采用50%速克灵可湿性粉剂每667平方米50克，对水50千克，

7~8天喷1次，连喷2~3次；或在扣棚前用强力敌菌净600倍液喷根效果更佳，并可兼治疫病、根腐病、菌核病和锈病。

（2）疫病。栽培上注意及时排渍。药剂防治可用25%瑞毒霉600倍液，每667平方米500克灌根或喷洒，7~8天喷（或灌）1次，连续2~3次。

2. 虫害

（1）灯光诱杀成虫。温室设置1盏普通日光灯，下放水盆，诱杀迟眼蕈蚊。

（2）糖醋液诱杀。将糖、醋、酒、水和敌百虫晶体按3：3：1：10：0.5比例配成溶液，每667平方米放1~3盆，随时添加，保持不干，诱杀种蝇类害虫。

（3）药剂防治。保护地优先采用粉尘法、烟熏法，在干燥晴朗天气也可喷雾防治，注意轮换用药，合理混用。

（4）韭蛆。成虫羽化盛期，在韭菜田和附近粪堆上喷5%锐劲特悬浮剂1 000~1 500倍液，杀死部分成虫。韭菜出苗后，成虫盛发期，顺垄撒施2.5%敌百虫粉剂，每667平方米撒施2~2.5千克，或在上午9：00~11：00用40%乐果乳油2 500倍液或2.5%溴氰酯乳油2 500~3 000倍液喷雾。分别于5月上旬、7月中下旬、10月中下旬用药灌根，每667平方米用48%乐斯本乳油400~500毫升，对水1 000千克灌根1次，或用1.1%苦参碱粉剂2~4千克，对水1 000~2 000千克灌根1次；也可用25%辛硫磷乳油500倍液，或用90%敌百虫晶体1 000倍液灌根，即扒开韭菜假茎附近表土，去掉喷雾器喷头，对准韭菜根喷药即可，喷后随即覆土。

十三、日光温室秋冬茬芹菜栽培技术要点

（一）育苗

1. 苗床设置

选择地势高燥、排水方便的地块，做成宽1~1.2米、长6~

10 米的育苗畦，挖好排水沟。每 667 平方米施入优质腐熟农家肥 6 000 千克，深耕 20 厘米左右，耙碎土块，搂平畦面，按苗田和定植田 1 : 10 的比例，准备苗床。

2. 浸种催芽

在播种前 5 ~ 7 天。一般选用上年的陈种子。如果采用新种子，则采用 5 毫克/升赤霉素溶液浸泡 10 ~ 12 小时，以打破休眠，提高发芽率。把经过精选的种子用 15 ~ 20℃的清水浸泡 24 小时，然后轻轻地揉搓种子，并不断地换水清洗几遍，拌上种子体积 5 倍的细沙，放在清洁的瓦盆中，或清洗后直接用布或麻袋包好，放在 15 ~ 20℃见光的地方催芽。每天翻动 1 ~ 2 次。用沙子拌的种子，发现沙子表面见干时应补充少量水分；用布包着的种子，每天要用清水投洗 1 次，洗掉种子上的黏液。高温季节催芽，可将种子包置于水缸边或地窖中，或吊在井内距水面 30 ~ 60 厘米处。有条件的可进行变温处理。方法是将种子浸泡后，取出放在 15 ~ 18℃的温箱内，12 小时后将温度升至 22 ~ 25℃。再经 12 小时后，将温度降至 15 ~ 18℃，经 3 天左右，即可出芽播种。

3. 播种

把畦面踩一遍，再用耙子搂平，灌足底水，水渗下后用细土将低洼处找平。将出芽的种子连同细沙均匀地撒在畦面上，再盖 1 厘米厚细沙或营养土（用筛过的农家肥和田土各 50% 混匀）。每 667 平方米温室需播种畦面积 50 平方米，播种量为 250 克。为了选择长势旺的大苗移栽，播种量可增加到 300 克。在炎热的季节和地区，多选择 16：00 以后或阴天播种。亦可实行芹菜与黄瓜、番茄、茄子等作物间套作，获得了较好的效果。

4. 苗期管理

播种后至出苗，应采取遮阴措施，既避免阳光直射，又可防止雨水冲刷。播种后在畦面上插起小竹拱架，用遮阳网覆盖。播后如遇干旱，可每天傍晚浇 1 次小水，保持地面湿润，直到出苗。出齐苗后，在下午太阳光弱时，要拿掉畦面上的覆盖物。随着小苗的生长，要逐步撤掉遮阴覆盖物。如遇暴雨，则要及时排除畦中积水，并用井水进行"涝浇园"，使土壤降温透气，防止发生幼苗烂根死亡或烂苗现象。芹菜喜湿，整个苗期均应以小水勤浇为原则，保持湿润的土壤条件。在播种后出苗前，用喷壶浇水。保持畦面湿润。出苗后至幼苗长出 2～3 片真叶前，因根系数量还很少，故每隔 2～3 天应浇 1 次水，使畦面经常保持见干见湿状态。浇水时间以早晚为宜。当芹菜长到 5～6 片叶时，根系比较发达，应适当控制水分，防止徒长，并注意防止蚜虫危害。在芹菜苗期一般不追肥。如发现缺肥长势弱时，在 3～4 片真叶时可随水追施硫酸铵，每 667 平方米施用 10 千克。在幼苗 1～2 片真叶时，进行 1～2 次间苗，苗距 3 厘米，以扩大营养面积，保证秧苗健壮生长，并结合间苗进行除草。芹菜苗期或移栽后，杂草长到 2～3 叶期，每 667 平方米用 20% 拿扑净乳油 65～100 毫升，对水 50 千克喷雾。拿扑净不与任何其他除草剂混用，气温超过 32℃ 和湿度大于 60% 时不要药，用药后 7 天方可收获。

（二）定植

选择肥沃疏松的土壤，在上茬蔬菜拉秧后，立即清除残株杂草，修好水道。做成宽 1 米的畦。做畦前每 667 平方米施优质农家肥 5 000 千克以上，磷酸二铵 100 千克，草木灰 100 千克，尿素 10 千克，然后深翻 20～30 厘米。使肥土充分混合，把平耙细后准备定植。

各地可根据当地的气候特点和幼苗的长势，选择定植时间。当株高 15～20 厘米，有 5～6 片真叶，茎粗 0.5 厘米，苗龄 50～60 天，土温达 18～21℃ 时，即可定植，如辽宁在 9 月中下旬定植。秋冬茬芹菜生长期和采收期长。为夺取高产，必须提高单株重量。一般多采用单株定植，有的地区每穴植 1～2 株或 2～3 株不等。行株距因品种而异，一般行距为 10～20 厘米，株距为 10

厘米左右。西芹要偏大一点，行株距以 16～20 厘米见方为宜，每 667 平方米以 3.7 万～4.2 万株为宜。定植前一天要给苗床浇水。起苗时要连根挖起，抖去泥土，淘汰病弱苗。栽苗时大小苗要分级，把相同大小的苗子栽在一起、栽时用尖铲挖深穴。使幼苗的根系舒展地插入土中。栽苗深度以幼苗在育苗畦的入土深度为标准。栽完苗后立即浇 1 次大水。

（三）扣膜前的管理

温室秋冬茬芹菜定植以后，气温较高，光照充足，土壤蒸发量也较大。在定植后 2～3 天，应再浇两次缓苗水，同时把土淤住的苗子扒出扶起，促进缓苗和新根发生。当芹菜心叶发绿时，表明缓苗已经结束，要适当控水，并进行细致松土，保墒蹲苗 7～10 天。当心叶大部分展开时，要结束蹲苗。以后保持土壤的见干见湿状态，一般 4～6 天浇 1 次水，灌水后要及时松土保墒。当植株长到 33～35 厘米高时，应增大浇水量，经常保持土壤湿润，每 667 平方米追施豆饼 100～200 千克，也可随水追施尿素 10 千克或硫酸铵 15 千克，硫酸钾等钾肥 15 千克。11 月上旬浇 1 次冻水，以后土壤不干可不浇水。

芹菜抗寒性较强，气温降至 0℃ 以下时，其地上部茎叶开始受冻，但随着气温回升，受冻茎叶仍能复原。温室秋冬茬芹菜缓苗后，气温逐渐下降，为促进芹菜生长，白天仍控制温度为 18～22℃，夜晚为 13～18℃，土温为 15～20℃。各地可根据气候特点，分别选择适宜的扣膜时间。一般霜冻后，白天气温降到 10℃ 左右，夜间气温低于 5℃ 时，将温室前屋面扣上塑料薄膜。东北地区为 10 月上中旬。

（四）扣膜后的管理

1. 温度管理

扣棚初期，光照充足，气温较高，要注意及时通风，昼温控制在 18～22℃，夜温 13～15℃，促进地上部及地下部同时迅速生长，防止芹菜黄叶和徒长。当外界温度下降，出现寒潮时。则应逐渐减少通风量。当气温降至 15℃ 时，要及时关闭风口，降到 10℃ 以下时，应放下底脚围裙，降到 6~8℃ 时，夜间要加盖草苦和纸被。严寒冬季 2~3 天通 1 次风，夜间温度要保持在 3℃ 以上，确保芹菜不受冻。

2. 肥水管理

芹菜扣膜后，进入旺盛生长阶段，应加强肥水管理，促进其生长。在内层叶开始旺盛生长时，应追施速效氮肥，每 667 平方米施硫酸铵 10 千克左右，方法是在叶片上露水散尽时撒施，并用新扫帚轻扫叶片，边撒施边浇水，以免造成肥害。收获前 30 天禁止施用速效氮肥，以免叶柄中硝酸盐含量超标。如土壤表面中午发白，夜晚又不返潮时，说明土壤缺水；而地上部生长缓慢，叶色变深，中午出现萎蔫状，则干旱比较严重。因此，要经常注意观察土壤表面变化和地上部叶片颜色的变化。尤其是定植后的 2 个月内，是芹菜营养生长的盛期，出现干旱要及时浇水，使土壤始终保持湿润，以保证根系正常吸水，促进地上部分的生长。

（五）采收

芹菜要适时收获。过早收获，会影响产量。过晚收获叶柄的养分会向根部转移，使叶柄质地变粗，纤维增多，甚至出现空心，从而降低品质，影响产量。

本芹在叶柄高 50~60 厘米时开始擗收。采收前 1 天浇 1 次水，可保持产品的新鲜外观，并提高产量。每株有成叶 5~6 片，一般收获 1~3 片，留 2~3 片。收获时，擗大不擗小，不要伤及其他叶片，并留足一定数量的叶片。如果一株上摘掉的叶片太多，则复原慢，影响生长。以后可根据市场需要和定植下茬蔬菜的需要，分次擗收，一般每隔 20~30 天擗收 1 次。第一次采收后，要清除黄叶、烂叶和老叶。擗收后不要马上浇水，因为擗收时造成的伤口没有愈合，浇水容易引起腐烂。大约在收后 1 周，心叶开始生长，掰收伤已经愈合时，再进行施肥灌水，每 667 平方米施硫酸铵 10 ~ 15 千克。

最后一次采收，在短缩茎下边用刀，将整株割下，整理后捆把上市。割收时，注意不要割散叶片。整个冬季，一般每株可连续收 3 ~ 5 次，采收期达 100 天左右。西芹一般在植株高度达 70 厘米左右，单株重 1 千克以上时 1 次性收获。

（六）病害

1. 芹菜斑枯病

又称晚疫病，主要危害叶片，其次危害叶柄、茎及种子。农业防治从无病种株上采种，清除温室内的病残体；加强田间管理，科学地灌水与通风，控制温度与湿度。

药剂防治定植前密闭温室，每 667 平方米用百菌清烟剂 350 克，熏烟 4 ~ 6 小时；发病初期，每 667 平方米每次喷用 5% 百菌清粉剂 1 000 克，或选用 65% 代森锌可湿性粉剂 500 倍液，或用 50% 的多菌灵可湿性粉剂 500 倍液，或用 75% 的百菌清可湿性粉剂 600 倍液，或用多硫胶悬剂 1 000 倍液，或用 30% DT 杀菌剂 400 倍液，1 : 0. 5 : 200 的波尔多液喷雾防治，7 ~ 10 天喷 1 次，连续防治 2 ~ 3 次。

2. 芹菜软腐病

又称腐败病。主要发生在叶柄基部或茎上，

发病初期病斑呈纺锤形或不规则形，病斑水浸状，病处腐烂，呈黄褐色或黑褐色，干燥后呈黑褐色，最后只剩维管束。栽植过密，通风不良，光照不足和生长后期地面湿度大，是发病的重要原因。防治方法发病前或发病初期选用 72% 农用链霉素可湿性粉剂或新植霉素 3 000 ~ 4 000 倍液，或用 95% CT 杀菌剂水剂（醋酸铜）500 倍液，或用 14% 络氨铜水剂 350 倍液，或用 50% DT 杀菌剂可湿性粉剂 500 ~ 600 倍液，或用 1 : 0. 5 : 200 的波尔多液, 7 ~ 10 天喷 1 次, 连喷 2 ~ 3 次。

3. 烧心

多由缺钙引起, 要避免高温干旱, 进行适温适湿管理; 对酸性土壤可施用消石灰, 调节到中性或接近中性; 施氮、钾、镁等肥料要适量; 一旦发生烧心症状, 可用 0.5% 的氯化钙水溶液, 向叶面喷雾。

4. 空心

是一种生理老化现象, 发生的部位是叶柄。避免在砂性过大的土壤上栽培芹菜; 除施足底肥外, 在生长发育过程中要及时追肥; 如发现叶片颜色转淡, 出现脱肥现象时, 可用 0.2% 磷酸二氢钾进行根外追肥。

5. 缺硼症

表现为叶柄异常肥大、短缩, 并向内侧弯曲, 弯曲部分的内侧组织变褪, 逐渐龟裂, 叶柄扭曲以致劈裂。如果土壤缺硼, 每 667 平方米可施用硼砂 1 千克, 以补充硼元素的不足; 发现缺硼症状后, 可用 0.1% ~ 0.3% 的硼砂水溶液, 进行叶面喷雾。

6. 叶柄开裂

多数表现为茎基部连同叶柄同时开裂, 多为在高温干旱条件下, 植株生长发育受到严重抑制所致。另外, 在突发性的高温高湿条件下, 由于植株吸水能力过强, 使组织充水, 也能发生。

第二章 果树种植业篇

第一节 寒富苹果早期丰产稳产栽培技术要点

由于寒富苹果抗寒、适应性强、结果早、优质等特点，从 2009 年以来种植寒富苹果在阜新地区发展较快，到 2013 年年末，阜新市发展寒富苹果 3 333 公顷（5 万亩）。4 年生的幼树 1 公顷可产果 30 吨，售价 6~8 元/千克，由于经济效益好，农民的栽植积极性空前高涨，因此，市政府审时度势作出规划，到 2017 年发展寒富苹果 6 667 公顷（10 万亩）。这对调整农业产业结构，农民脱贫致富，改善生态环境，推动阜新市 13 333.3 公顷（200 万亩）现代农业示范带建设有着重要的意义。

一、提高建园整齐度

（一）园地选择

园地可选择在平地，坡度在 5°~15° 低缓丘陵或坡度在 15°~30° 的山地，若在坡地建园，要修好水土保持工程。

（二）苗木选择

苗木质量必须符合辽宁省地方标准，DB21/T 1768—2009《寒富苹果苗木》的要求。选择栽植矮化中间砧苗木。

1. 苗高在 80 厘米以上。

2. 苗粗地茎在 0.8 厘米以上。

3. 根系，侧根 5 条以上，长度在 15 厘米以上，并有一定数量的毛根，无机械损伤。

二、栽植

（一）栽前准备

1. 栽植密度

为了成园后有利通风透光、打药、施肥、修剪、采运等作业，矮化中间砧苗建园，株行距以 2 米×4 米为宜，667 平方米栽株数 84 株。

2. 挖定植沟

（1）挖沟时间

一定在春季栽植前 10~15 天时把沟挖好。

（2）挖沟方法

平肥地挖宽、深各 80 厘米，把表土和心土分放，回填时沟底部放 5~10 厘米厚的秸秆后填 30 厘米厚表土，中部回填表土和优质腐熟农肥，每延长米 50 千克，沟的上部 20 厘米全部回填表土，然后大水沉实。

3. 苗木准备

冬贮苗或外运苗，栽前要将整株苗木，用清水浸 12 小时左右，让苗木充分吸水。再将根的毛茬，起苗时造成的伤根剪至露出新茬。

4. 植苗

在定植沟内按设计的株距挖小穴，穴的大小容下根系为宜。栽植深度以苗砧接口在地表或地表以下 3~5 厘米为宜。将苗扶直，分 2~3 次填土，第一次填土后提一下苗，使根系舒正，回填后用脚踏实，灌足水（15 千克左右），7~10 天后补水。

5. 覆膜

苗木定植后，将定植沟（穴）平整好（最好内低外高），覆盖地膜（以黑地膜为宜）。如果是开沟栽植地，整个沟覆盖，如果穴植整个穴覆盖，覆盖时四周用土封严，树干扎眼也封严，膜上不要压土。覆膜的作用主要是保墒、增温，如果用黑地膜还控制杂草生长。

6. 定干，套塑料袋

定植后要及时定干，定干高度根据苗木高度选留 3～5 个饱满芽处，进行定干一般干高 80～90 厘米，并套上长 45 厘米，直径 5～6 厘米的塑料袋，以防止树干水分蒸发，还可防止食芽害虫，以及大灰象甲、黑绒金龟子等害虫，萌芽后、长叶前及时去掉塑料袋，过早不起作用，过晚会使叶片灼伤。

三、加强土、肥、水管理

（一）土壤管理

如果是山坡地或土层不足 1 米厚的平地建园，从第二年开始就要进行改土，时间是在秋季进行，方法是在定植沟的一侧，沿定植沟边缘挖宽、深各 60 厘米左右的沟，将生土挖出，回填腐熟好的农肥，每延长米 50 千克再用表土将沟填平，灌足水，逐年进行，直至全园改土。

（二）施肥

1. 追肥

定植当年苗木成活后，在 6 月中旬前进行第一次追肥，方法是距树干 15～20 厘米处，挖深 10～15 厘米的小坑，将尿素或二铵或 N、P、K 复合肥，每株 50 克，灌足水，待水沉没后，用土填平。以后每年的春季萌芽前都要进行一次追肥，追肥量随树龄和产量的增加随之加大。追肥位置随之外延。

2. 基肥

除改土时施基肥外，每年的 8 月至落叶前有条件的还要施一次基肥，施肥量优质农肥每株在 50 千克左右，施肥位置在上年改土沟内挖 30 厘米左右深的浅沟，将农肥施入用土填平。

3. 灌水

在辽西地区，除每次施肥必灌水外，还要在上冻前、化冻后，灌封冻水和化冻水，另外在生长季节，特别是落花后和果实膨大期根据降雨情况还应灌 2 ~ 3 次水，每次灌水一定要灌透。

四、整形修剪

主要采用纺锤形，这种树形的特点是整形容易，成形快、树冠开张、结构合理、通风透光好、管理方便，适于密植，结果早、丰产快、稳产、品质优。

树体结构，主干高度 60 ~ 70 厘米，中心干上着生 10 ~ 15 个主枝，主枝不分层，主枝上不留侧枝主枝单轴延伸，主枝基角 80° ~ 90°。

苗木要求：苗木健壮，苗高在 100 厘米以上。

（一）修剪方法

栽植后定干高度 90 厘米左右，剪口下要有 3 ~ 5 个饱满芽，当年除中心干延长枝生长长度达 80 ~ 90 厘米外，还能长出 3 ~ 4 个侧枝，对这些侧枝在夏季进行拉枝，拉枝角度在 70° ~ 80°。第二年冬剪时中心干延长枝剪留 60 ~ 70 厘米，侧枝不剪缓放，以此类推，直至树高达 3.5 米左右时主枝已达 10 ~ 15 个，这时树势已基本缓和，选定的主枝在冬剪时不短截，在主枝上春季萌芽前进行刻芽，作为结果枝组。4 年以后进入盛果期，这时修剪的主要任务是调节生长与结果的关系，控制竞争枝，过长的弱枝及时回缩复壮，过密的枝组及时疏除，一般在主枝上 10 ~ 15 厘米留一个枝组。

（二）提高坐果率

1. 花期放蜂是提高坐果率的最有效的方法之一。

放蜂时间：根据不同果园，花期不同放蜂时间不同，一般以中心花开放 50% 时开始。放蜂数量，如果是蜜蜂每公顷可放两箱，如果是壁蜂每公顷可放 1 000 ~ 1 500 头。

2. 疏花疏果

主要采用人工疏花疏果。在冬剪疏除过多的弱花芽，在盛花期疏除过多的花序。幼果期即花后 10 ~ 15 天进行疏果，基本上每个花序留 1 个果，生理落果期后，花后 20 ~ 25 天进行定果。定果一是按枝定果，即 25 ~ 30 厘米长的枝留一个果。二是看叶定果，即 30 ~ 35 片叶留一个果。

五、病虫害防治

（一）病害

阜新地区因为是苹果新区，目前病害较少，目前发现的主要有轮纹病和炭疽病。对这两种病主要是采用药剂防治。主要的药剂有：75% 百菌清 600 ~ 800 倍液、7% 代森锰锌可湿性粉剂 600 ~ 800 倍液。上述药剂在落花后 20 天开始进行喷施，隔 10 ~ 15 天喷 1 次，交替使用，采收前 20 天停止用药。

（二）虫害

目前，常发生的主要有，天幕毛虫、蚜虫和红蜘蛛等的虫害。

1. 天幕毛虫

防治方法：除冬剪时剪除卵块外，利用幼虫群聚的特点，摘除叶片，集中销毁，在分散期喷施苏云金杆菌可湿性粉剂 500 ~ 1 000 倍液，连喷 2 ~ 3 次，同时防治其他食叶害虫。

2. 蚜虫类

高温高湿的天气是蚜虫的高发期，除综合防治外，可喷布灭幼脲 3 号或阿维菌素等进行防治。

3. 螨类害虫（红蜘蛛）

高温低湿是螨类害虫的的高发期，发生期可喷布 15% 哒螨灵、螨死净 1 ~ 2 次。

第二节　优质梨高效丰产栽培技术

阜新属干旱半干旱地区，气候特点光照充足、雨热同季。多年平均气温 7.2℃，日平均气温稳定通过 0℃ 的活动积温 3 735℃，无霜期 154 天，平均日照时数 2 826.7 小时，全市平均年降雨量 430 毫米，最少时为 240 毫米。自然降水不足和地下水资源缺乏沙壤地多。梨树抗寒能力强，能耐零下 30℃ 低温，而且枝条受冻后恢复能力较强。阜新梨树发展至 2014 年年底，梨树面积已达 1.8 万公顷。主栽品种为苹果梨、南果梨和锦丰梨。南果梨和锦丰梨，植株生长势强，萌芽力、成枝力均强。抗寒、抗黑星病能力强。苹果梨，幼树半开张，生长旺盛，丰产性强，抗寒力强。通过多年的实践积累，已掌握了优质梨的高效丰产栽培技术。具体栽培技术如下。

一、园地选择和栽植方法

（一）园地选择

建园最好选择背风、向阳、缓坡、沙壤土，土壤层厚度在 70 厘米以上，切忌在地下水位高的低洼地栽植。低洼地水位高，土壤透气性差，导致根系发育不良。

（二）苗木选择

苗木要严格选用健壮梨苗。苗木质量标准如下。

1. 苗木高度在 80 厘米以上。

2. 苗木地径在 0.8 厘米以上。

3. 苗木根系发达，侧根 5 条以上，长度 15 厘米以上，无病害和机械伤。

（三）栽植方法

1. 挖定植坑

栽植前一年秋季进行，栽植坑标准为，长宽高各 1 米，挖时表土和底土分开放。定植坑挖好后要在上冻前回填。回填时坑底部放 10～20 厘米厚秸秆，放好后回填表土 30 厘米，再将 50 千克优质农家肥与 0.2 千克磷酸二铵混拌均匀，一层肥一层土，施入定植坑内，最后全部回填表土，踩实后高于地面 10 厘米，然后大水沉实。

2. 栽植密度

土壤较瘠薄地，一般缓坡地株行距 2 米 ×4 米、2 米 ×5 米、平地 3 米 ×4 米、3 米 ×5 米，密植园 2 米 ×3 米、1.5 米 ×3 米。行间距大，有利于行间间作，有利于机械作业及管理，有利于通风、透光。

3. 栽植时间及方法

在阜新地区以 4 月下旬栽植为宜，栽植前需要做好栽植坑，在前一年挖完栽植坑上挖宽、深 30 厘米栽植坑，把处理好的苗木植在坑中央，用表土埋好苗根后轻轻向上提一下苗，使根系舒展，不窝根，然后填土踩实，并修成 1 米直径的树盘。苗木栽植深浅要适宜，嫁接口要高于地面 5～10 厘米，修好树盘后灌足水。

4. 覆膜

水渗透后进行覆膜（黑地膜为宜），覆盖整个栽植坑，用土封严四周，以及树干扎眼处，覆膜作用是保水保墒，增温，黑色地膜还能控制杂草生长。

5. 定干套袋

覆膜后进行定干，定干高度在 70～80 厘米处，剪口下要留 4～6 个饱满芽。套上长 45 厘米，直径 5～6 厘米的塑料袋，防止水分蒸发和食芽害虫，萌芽后长叶前及时去掉塑料袋，过晚会使叶片灼伤。

二、土肥水管理

（一）土壤管理

1. 深翻改土扩穴

每年深翻 2 次树盘，要与春秋施肥相结合，深度为 10～15 厘米，掌握"理浅外深、春浅冬深、不伤大根"。

2. 树盘覆盖

在深翻树盘后向树盘内浇水 50～100 千克。然后用铡碎的秸秆、杂草或麦秸等覆盖 10～20 厘米厚，用土覆盖，覆盖有利于降低夏季地表温度，减少水分蒸发。覆盖物腐烂分解释放出养分，提高土壤中有机质含量。

（二）肥、水管理

梨树 1 年需要施 4 次肥。

1. 早秋施基肥

果实采收后至落叶前进行秋施基肥。方法：以树冠的垂直阴影为准，向里半米处挖环状或穴状沟，施肥量根据产量而定。

2. 萌芽期追肥

4 月下旬至 5 月上旬，施氮肥为主。方法：施在秋基肥沟里或穴里。

3. 芽分化期

6 月上旬，以氮肥为主。方法同上。

4. 膨大期

8 月中下旬，以磷钾肥为主。方法同上。

5. 适时灌水，1 年必须保证 4 次灌水，灌水与施肥相结合，其他灌水根据当地气候、土壤干湿度而定。

三、整形修剪

稀植树形以疏散分层形为主，密植树采用纺锤形为宜，幼树以轻剪为主，除骨干枝，延长枝宜短截外，其余枝尽量缓放，并使其平斜生长，利用梨树长枝易形成顶花芽的特点，促进结果主侧枝可适当多留，主枝拉成 80°左右，疏除过密内膛旺枝，背上直立枝及竞争枝，空间较大部位可留 3 ~ 4 个芽重短截，第二年去强留弱，逐步培养成结果枝组，大多枝都可以采用扭梢、拉枝、别枝、压枝等方式缓放，促发中短枝形成花芽，结果后要及时回缩冗长，衰弱交叉，重叠枝，注意调整花芽量，修剪后花芽占总芽量的 25% ~30%，否则将会影响果实生长和花芽的形成。

四、提高坐果率技术

（一）人工授粉

用毛笔或细胶皮管蘸花粉，在柱头上轻轻一点即可。

（二）梨园放蜂

每 0.67 公顷（10 亩）地放一箱蜜蜂，提倡使用此方法。

（三）喷粉法

用小型喷粉器喷洒。

（四）液体授粉法

用微型喷雾器喷洒授粉。

（五）生长调节剂的应用

在盛花期喷 500 毫克/升赤霉素溶液，能明显的促进坐果率，另外在花期喷 800 倍糖醋液和硼砂，均能使坐果率明显提高。

五、病虫害防治

（一）病害防治

1. 黑星病又名疮痂病、雾病，是辽宁地区主要病害之一

主要为害叶片、新梢、芽、花序和果实。防治方法：5 月上旬喷布 50% 多菌灵 800 ~ 1 000 倍液，或用 70% 甲基托布津 1 000 倍液，6 ~7 月喷布波尔多液 800 倍。8 月上旬至 9 月上、中旬喷

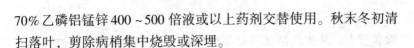

70%乙磷铝锰锌400～500倍液或以上药剂交替使用。秋末冬初清扫落叶，剪除病梢集中烧毁或深埋。

2. 梨干腐病

梨干腐病在辽宁省多有发生。幼树发病重。主要为害枝干。低温多湿的春秋季病斑扩展较快。防治方法：春季发芽前喷波美5度石硫合剂，发病重的树应及时刮治，刮除病斑后病疤处涂30%腐烂敌50倍液，及时销毁病枝。

（二）虫害防治

1. 梨木虱

成虫和若虫刺吸梨叶嫩绿部汁液。春季成、若虫多集中于新梢、叶柄为害，夏秋季则在叶背为害。防治方法：在花芽开放前喷施虫螨克200～250倍液，10%一遍净4 000～5 000倍液。5月下旬、7月上旬和8月上旬喷布以上药剂，混加500倍洗衣粉或20%双甲脒乳油1 000倍液，早春刮除老树皮，清理园内和周围的残枝、落叶及杂草，消灭越冬成虫。

2. 天幕毛虫

幼虫群集枝杈处吐丝结网，如不及时防治，会将叶片吃光。防治方法：5月逐株检查，人工捕杀或用安灭灵乳油2 000倍液喷杀。

3. 桃小食心虫

以幼虫蛀果为害。防治方法：6月中下旬，在距树干1米范围内地面浇灌50%辛硫磷500倍液，药渗干后搂耙一遍，使药均匀分布于表土中，能杀死出土幼虫。7月下旬至8月下旬每半月喷洒1次90%敌百虫或50%敌敌畏1 000倍液。

第三节　葡萄高产栽培技术

近些年，阜新地区果品林业和设施农业等农业项目取得了飞跃性的发展，尤其是露地葡萄及设施葡萄产业展现出了极大的前景和潜力。从生产情况和效益水平看，露地葡萄及设施葡萄取得的经济效益和社会效益，要远远高于露地蔬菜和设施蔬菜，广大农户认识程度在不断提高，热情在不断高涨。但广大果农对栽培关键技术掌握却相对匮乏，本文简要介绍几点设施和露地葡萄栽培管理关键技术，以期对广大果农起到一定的指导和帮助作用。

一、设施葡萄栽培技术

（一）温室建设标准

温室骨架为钢筋、钢管或镀锌管，墙体为砖石结构或里砖外土，棚体高度4.5米，跨度为7米，长度可结合地块情况，以百米为宜，覆盖物里层为聚乙烯塑料薄膜，外覆草帘子或保温被，棚室水电齐全，并应配备滴灌设备。

（二）品种选择

应选需冷量和需热量低，发芽整齐、果实生育期短、抗性强、果穗紧凑、果粒均匀、丰产、稳产的特早熟、早熟丰产品种。生育期一般以95~110天为宜，保护地栽培一般6~7月成熟上市，比露地葡萄早1~2个月。在阜新地区保护地种植较多的品种有：茉莉香、郁金香、红提等注：茉莉香葡萄在棚内栽植冬季不用埋土防寒。

（三）苗木选择与栽植

1. 苗木选择

苗木的好坏，对成活率、生长情况、抗病性、抗虫性、产量高低等都具有较大影响。苗木要选择品种纯正、生长旺盛、根系发达、没有病虫害的嫁接或自根葡萄苗木。

2. 苗木栽植

棚栽葡萄有一年一栽，也有多年一栽等形式。目前阜新地区主要采用的是多年一栽，栽植的株行距比露地要密一些，立架种植，栽植当年顺葡萄沟方向，分别在南北方向各栽 1 个水泥架杆，后架杆离地在 1.8~2 米，前部架杆高度依据温室实际高度确定，在架杆上绑缚粗为 3~5 厘米、长 60 厘米的横杆，间距分别为 0.5 米（从地面算起）、0.6 米、0.6 米，在横杆的两侧绑铁丝。株行距一般为（0.5~2）米×（1.5~2）米。定植前根据行向，挖深 80 厘米、宽 1 米的定植沟，沟底铺 10 厘米左右的秸秆，每 667 平方米施用农家肥 4 000 千克左右和适量的磷钾肥，与土拌匀后填入定植沟内，后立即灌水沉实。栽植时间一般为春季，在萌芽前进行。

（四）温湿度调控技术

1. 催芽期

从催芽期开始，第一周要缓慢升温，白天温室内温度保持在 15~20℃，夜间 10~15℃，最低不能低于 3℃。以后逐渐提高温度，至萌芽发育为止，白天温度升至 20~25℃，夜间 15℃左右，最低不低于 5℃。在催芽期间，保护地内的门及风口要紧闭，空气湿度要保持在 80% 以上。

2. 新梢生长期

白天温度控制在 20~25℃，夜间温度在 15℃左右，最低不低于 10℃，温室内湿度保持在 60% 左右。

3. 花期

为提高花粉萌发率，保证授粉受精顺利进行，保护地内白天的温度要保持在 20℃左右，夜间在 5~10℃，最低不能低于 5℃，开花期要注意停止灌水，湿度保持在 50% 左右，以利于开花和散粉。

4. 幼果期

此时期温室内白天温度保持在 20~25℃，夜间 15~20℃，湿度 70% 左右。

5. 着色期

白天保护地内温度在 20～30℃，夜间 16～18℃，要停止灌水，湿度保持在 70%～80%。

（五）日常管理技术

1. 整形修剪

（1）单干单臂水平整枝。苗木按 1 米株距定植，萌芽抽枝后，留一个强健的新梢，将其基部 50～60 厘米的副梢全部抹除，60 厘米以上的留 2～6 片叶摘心。冬剪时，将主蔓上的副梢全面剪掉，留 1 个 1.5～1.6 厘米的主蔓作为结果枝，第二年主蔓从南向北水平绑缚在 50～60 厘米高的第一道铁丝上，待新梢萌发后，将主蔓基部 60 厘米以下的芽全部抹除，以上部分每隔一节留一个结果枝，共留 4～5 个结果枝。

（2）单干双臂水平整枝。苗木按 2 米株距进行定植，萌芽后，留 1 个强健的新梢培育成一侧的主蔓。待新梢长至 1.2～1.9 米时进行摘心，促进副梢萌发，为提早成型可进行副梢整形。待距地面 80 厘米以上的新梢萌发时，留 1 年生强壮的副梢培养成另一侧的主蔓，其余副梢全部抹除，在副梢以上的，除顶端 1 个留 4～6 个叶摘心外，其余均留 1～2 片叶摘心，以保证所选留的副梢能够健壮的生长。

2. 生长季修剪

（1）去卷须。对于新梢上发出的卷须要及时的摘除，以减少不必要的养分消耗。

（2）抹芽。目的是为了调节树势，控制新梢的生长量，调节树势，便于养分的合理分配。

（3）扭梢。为保证结果枝在开花前的长势保持一致，当萌发的新梢长到 20 厘米左右时，将其基部扭一下，以延缓起长势，这样可有效的提高坐果率。

（4）新梢摘心。在花前将新梢的梢尖剪掉，以延缓新梢长势，更主要的是减少新梢对养分的争夺，使更多营养输送到花穗，保证花芽分化、开花、坐果对养分的需求。棚栽葡萄的摘心要尽早进行，待新梢叶片数够时便可进行，不要等到开花前进行。

（5）疏穗和掐穗尖。棚栽葡萄一般肥水都比较充足，几乎每个新梢均有花序，通常，一个新梢只留一个果穗，最多可留 2 个果穗，同时必须对果穗进行掐穗尖和去副穗歧肩，以保证果穗的形状和紧密度，提高产品的品质。

3. 肥水管理

为有效提高葡萄的产量和质量，棚栽葡萄切记要以农家肥为主，在生长期少量适当的追施磷肥和钾肥，要严格控制氮肥的施用量。施用的农家肥要注意，待充分腐熟后施用，鸡粪要等第二年方可施用。施用量以每 667 平方米 5~7 立方米为宜。生长期每 667 平方米可施入钾肥 45 千克，磷肥 22.5 千克。棚栽葡萄主要灌好催芽水、催花水、催果水以及果实采收后的灌水和封冻水，在开花期和浆果成熟前的一个月不要进行灌水。

4. 病虫害防治

阜新地区棚栽葡萄病虫害发生较少，主要是做好防雨和通风、降湿工作，棚栽葡萄一般情况下不易发生病虫害。在日常防护方面，萌芽前喷施 1 次 5 度的石硫合剂，花前喷施 1 次多菌灵，花后喷施 3~5 次波尔多液，每周喷 1 次，以防治灰霉病、霜霉病和白粉病。虫害主要是螨虫，可用杀螨剂等药品进行防治。

二、露地葡萄栽培技术

（一）建园

应选择地势平坦开阔，土层较厚，土壤疏松肥沃，pH 值在 6.5~8，有机质含量较高的沙壤土或沙质壤土，光照充足，有良好的水源和灌溉条件，交通便利，无地下害虫的地块。

1. 架式、株行距

鲜食葡萄可采用倾斜式小棚架，行距 5~6 米，以便冬季取土防寒。株距可根据架面上所留主蔓的数量来确定，1 株 1 主蔓的株距为 0.5 米，1 株 2 主蔓的株距为 0.75~1 米为宜。架高 2 米左右。

2. 建园的架材

倾斜式小棚架，每 667 平方米用水泥柱 60 根左右。水泥柱为长条形，边长 8~12 厘米，长度为 2.5 米左右，另需 30 根竹竿，8 号铁线 1 200 米左右。单臂篱架，每 667 平方米需高 2~2.5 米水泥柱 66 根，8 号或 10 号铁线 800 米。

（二）苗木选择

选择没有病虫害和病毒的一级嫁接苗，肉质根 5 条以上，侧根直径在 0.2~0.3 厘米，苗木嫁接口上部粗度在 0.5 厘米以上，完全成熟木质化，具有 3 个以上的饱满芽。

（三）栽植

1. 定植沟

挖定植沟时间在秋后至上冻前，沟的深度和宽度均为 1 米。先按行距定线，再按沟的宽度挖沟，将表土放到一面，心土放到另一面。回填时，先在沟底填一层 20 厘米厚的秸秆，再填一层表土、一层与土混匀的腐熟农家肥，最后填心土。每 667 平方米需腐熟农家肥 5 000 千克，另外加 20 千克的磷肥。回填后灌水，沉实至地表以下 30 厘米左右，以备栽苗。

2. 栽苗时期

在春季栽植，每年的 4 月中下旬为宜，采用深沟浅栽，并覆黑色地膜，有利于提高地温和保墒，促进根系生长。

3. 栽植前苗木处理

栽苗前要对苗木进行适当修剪，对过长根系剪留 20~30 厘米，栽植前将苗木放入清水中浸泡 1 夜，栽前将根系剪出"白茬"。

4. 栽植技术

栽植采用"三埋、两踩、一提苗"的方法，运用好套瓶技术，覆土深度在嫁接口以下 3~5 厘米处，栽后灌透水，待水渗后覆土并覆上黑色地膜。

5. 苗木定植当年管理技术

当芽眼萌发时，嫁接苗要及时抹除嫁接口以下萌发芽。当苗木高度长到 20 厘米时，根据栽植密度进行定枝、疏枝，若株距较大一般留 2 主枝，反之，留一个。疏除多余枝、留壮枝不留弱枝，保证养分集中供给有利于植株生长。当苗木长到 80 厘米时，要对主梢进行第一次摘心和副梢处理，首先疏除距地面 30 厘米以下的副梢，一次侧生留 2 片叶摘心，二次侧生留 1 片叶摘心；顶端副梢留 4~5 片叶摘心，二次副梢一般留 2~3 片叶摘心，三次副梢一般留 1~2 片叶摘心，反复进行。通过反复的摘心，可促进苗木增粗、枝条木质化和花芽分化。

（四）肥水管理

早期丰产栽培技术关键是当苗木长到 50 厘米左右时，进行第一次追肥。由于苗木根系较弱，能够吸收的营养元素也相对较少，因此，要勤追少施，1 年内追 2~3 次，追肥时间间隔 30 天 1 次，前期追肥以氮肥为主，后期追施主要以磷钾肥为主，追肥同时结合灌水、松土和中耕除草。

（五）日常管理技术

1. 抹芽

芽萌动后 10 天左右进行第一次抹芽，主要抹除隐芽、并生芽、弱芽和过密芽等。第二次在第一次抹芽后的 10 天左右进行，原则遵循"树势强者轻抹，树势弱者重抹"。抹去嫩梢梢尖上直立、向后的芽。

2. 定梢

定梢是抹芽的继续，根据品种、树势而定，疏除过强、过弱枝，强结果母枝上可多留新梢，弱结果母枝则少留，有空间多留，没有空间少留。一般中长母枝上留 2 ~ 3 个新梢，中短母枝上留 1 ~ 2 个新梢。一般每平方米架面可留新梢 15 ~ 25 个。

3. 摘心和副梢处理

摘心时期，开花前 4 ~ 7 天进行。方法：结果枝在花序以上留 8 片叶摘心，对营养枝留 10 ~ 12 片叶摘心，延长枝可适当留的多些。副梢处理，对结果枝花序以下的副梢全部抹除，花序以上的副梢及营养枝副梢可选留 1 片叶摘心，延长副梢（新梢顶端 1 ~ 2 节的副梢）可选留 3 ~ 4 片叶摘心，以后反复按此法进行。

4. 疏花序和花序整形

疏花序，原则上对果穗较大的品种中庸枝留一穗，强枝留 1 ~ 2 穗，弱枝不留，小穗品种可适当多留。花序整形，包括去副穗、掐穗尖、确定穗长及留花蕾数等。一般在开花前完成，先疏除副穗和上部 2 节左右的小枝梗，再对留下的支梗中的长支梗掐尖，一般所留支梗数以 12 ~ 13 节为宜。对一些粒松但果粒不大的品种，所留支梗节数可稍多（15 ~ 16 节），保证有足够的穗重。对坐果率高、果穗小的品种，只需去掉副穗即可。对坐果率高、果穗紧的大果穗品种，应在去掉副穗和花序基部的 3 ~ 4 节后间隔 2 ~ 3 节去掉一节支梗。

5. 绑蔓

新梢长到 30 ~ 40 厘米时进行绑蔓，将新梢绑缚在铁线上，根据新梢长势，弱枝可直绑，中庸枝斜绑，强枝大斜度或水平绑。

6. 除卷须

在夏季随长随除。

7. 疏果

在盛花后 15 ~ 25 天进行，重点疏除小粒果和伤残果及穗轴上向内侧生长的果粒，疏去外部离轴过远及基部下垂的果粒。

8. 果穗套袋

要选用正规厂家生产的葡萄专用硫酸纸袋，规格根据品种的果穗大小而定。套袋前要进行果穗整理，疏除小果、畸形果、病残果，喷施多菌灵、甲基托布津或百菌清等杀菌剂，待药液干后即可套袋。黄绿品种可不摘袋，有色品种采收前 7 ~ 10 天摘袋，有利于果实着色。

9. 冬季修剪

一般在 10 月中下旬进行，原则上强枝长留，弱枝短留；上部长留，下部短留。生产上多采用长中短枝结合的修剪方法，一些结实能力强的品种基部芽眼充实度高，可采用中短梢修剪，而对生长势旺、结实力低的品种应多采用中长梢修剪。所留结果母枝必须是成熟度好、生长充实、无病虫、有空档部位的枝条。疏除病虫枝、过密或交叉枝、过弱枝。幼树整形基部 50 厘米以下不留枝条。

（六）越冬防寒

露地栽培葡萄必须进行防寒处理，方法多采用埋土防寒。时间：一般在初霜前根茎部先覆土 20 厘米左右，立冬前进行完毕。土壤封冻前必须浇一次封冻水，增加土壤水分，减少表层土温度变化幅度，提高根系抗寒性。方法：冬剪后，将葡萄捆绑，主蔓依次顺行方向摆好，从距葡萄根部 1.5 米以外的行间取土，覆于葡萄主蔓上，在行内形成一条长垄，厚度 60 厘米左右，土堆基部直径 1.8 米。注意埋土时如有大的土块必须打碎，防止有缝隙透风冻伤枝蔓，有条件可以在土堆上覆盖一层秸秆，并附上一层塑料，将塑料边缘用土压严。

第四节 保护地油桃高产栽培技术

油桃为桃（毛桃）的栽培变种。果实成熟时光滑无毛，形较小；小枝背光面绿色，迎光面紫红色；叶片锯齿较尖锐。其母种为乔木，高 3 ~ 8 米。树冠宽广而平展；花粉红色，萼筒钟形，单生，先叶开放；花梗极短，果形大小常有变异，宽卵形、宽椭圆形或扁圆形。油桃属喜光树种，适应性很强，喜温暖气候，耐寒，有一定的抗盐碱能力，喜生于地势平坦、山麓坡地及排水良好的沙性土壤，不耐水湿。若土壤过分肥沃，枝梢易徒长，不适合黏重土壤。随着阜新市沈阜 13.3 万公顷（200 万亩）现代农业示范带建设如火如荼的进行，阜新市果品林业、设施农业等项目取得了长足的发展。在保护地内栽植果树，是果品林业和设施农业的良好结合，近几年在阜新市栽植面积逐年扩大，取得了良好的经济效益和社会效益。设施油桃种植更是得到了广大农户的一致认可，本文简要阐述了阜新地区设施油桃栽培的几个关键技术环节，以期对广大种植户起到一定的指导和帮助作用。

一、温室建设标准

温室骨架为钢筋、钢管或镀锌管，墙体为砖石结构或里砖外土，棚体高度 4.5 米，跨度为 7 米，长度可结合地块情况，以百米为宜，覆盖物里层为聚乙烯塑料薄膜，外覆草帘子或保温被，棚室水电齐全，并应配备滴灌设备。

二、扣棚及品种选择

针对阜新地区气候特点及油桃生长规律，进行保护地油桃栽植，最好在前一年秋季进行棚体建设，扣完棚后，平整好棚内土地，按行距 1 米，南北向挖深宽各 60 厘米的栽植沟，每条沟施优质农家肥 50 ~ 80 千克，与表土混匀填入后浇透水沉实，以备第二年油桃栽植。阜新市保护地油桃品种宜选择油 2、油 126、中油 4 号等中早熟品种。

三、定植时间及配套技术

（一）定植时间

阜新市保护地油桃定植适宜时间为春季，4 月中旬左右。

（二）定植配套技术

1. 定植前准备

定植前按南北方向挖宽 70 厘米、深 60 厘米的定植沟，表土与心土分别放置。在沟内最下面铺 10 厘米厚的杂草秸秆，再将腐熟的农家肥与表土混匀后施入沟底，上面施适量的化肥，离地面 20 厘米左右。

2. 苗木选择及处理

选生长健壮、根系完整发达、根颈粗 1.50 厘米、高度 1.20 厘米以上、无病虫害的嫁接苗。栽植前将苗木进行分级，用清水浸泡根系 4 个小时，如果苗木长途运输后，失水严重的要多浸泡 6~8 小时，然后修剪根系，一般留 0.25~0.3 米，用生根粉进行处理，500 毫克/升浸根 10 分钟或 1 000 毫克/升浸根 5 分钟。

3. 株行距确定

保护地栽培油桃根据棚体宽度、高度及品种情况，株行距可选择 1 米 ×2 米、1 米 ×1.80 米或 1.50 米 ×2 米。每栋棚共栽植油桃 300 株左右。

4. 定植

定植时，挖 30 厘米深的栽植穴，将较大苗木栽于棚北侧，小苗栽于南侧，栽植过程遵循"三埋、两踩、一提苗"的原则，保证苗木嫁接口与地面相平，栽后立即灌水，水渗后顺行覆 1 米宽黑色地膜。

四、日常管理技术

（一）整形修剪

1. 定干

为充分利用棚内空间，对新植桃树依所处位置定干整形。靠前面的 3 行采用开心形整形，定干高度为 30 厘米，后 3 行采用纺锤形整形，定干高度 60~80 厘米，定干要求南低北高。萌芽后，选留长势健壮、东西向的 2 个新梢（"Y"字形）或 3 个新梢（自然开心形）作为主枝培养，抹除其余新梢。待主枝长至 40~50 厘米时，进行重摘心（摘去新梢 15 厘米左右），促发二次枝，每株追施复合肥，促进树冠尽早形成。对其他新梢抹除或长到 15 厘米时对壮树枝进行扭梢，摘心时间要早，弱枝一般不摘心。拉枝一般在萌芽以后进行，但对 1~2 年生幼树的主枝不可拉开过早，以免消弱长势。

2. 整形

温室前端采用二主枝"Y"字形或三主枝开心形，后两排采用自由纺锤形。

（1）"Y"字形。干高 20~30 厘米，留 2 个基部对生的主枝，开张角度 40°~50°；2 个主枝斜向东西行间，结果枝组直接着生在 2 个主枝上，全树留 20~30 个结果枝。

（2）自然开心形。干高 30~40 厘米，三主枝开张角度为 50°~60°，均匀分布，主枝间距 10~15 厘米，每主枝上配备 2~3 个侧枝，第一侧距主干 40 厘米，第二侧在对面，相距 30 厘米，第三侧与第一侧同侧，距第二侧 40 厘米，主侧枝上均可配置枝组。

（3）小冠纺锤形：在修剪时应培养中心干，每隔 20~30 厘米留 1 个主枝，相互错开，上短下长，上稀下密。该树形修剪量小，树冠成形快，枝芽量多，结果多，能够达到早熟丰产的目的，温室后墙前 2 行适宜选择该树形。

3. 修剪

定植当年冬季修建时不短截，枝条长放，保证有足够的花量，对极个别直立枝、竞争枝可疏除。以后冬剪，主要采取缓放、疏枝、短截和回缩技术，使整个树体结构稳固，枝组分配均匀，结果均衡，通风透光良好。缓放主要是针对 1 年生的中庸枝、平斜枝和背下枝。疏除强旺枝、病虫枝、过密枝、交叉重叠枝和多余细弱枝等；短截主要用于骨干枝延长枝的培养，以及树体的更新复壮等修剪；回缩主要是对树体和枝组进行复壮。生长季节，枝条萌芽后生长到 5 厘米左右时，疏除双枝、过密枝。幼树去强梢留弱梢，衰弱树留强梢去弱梢。对骨干枝上延长头或有空间的新梢长到 20 ~ 30 厘米时摘心，连续进行 2 ~ 3 次，冬剪以短截为主，长果枝留 6 ~ 8 个芽短截，中果枝留 4 ~ 6 个芽短截，短果枝及花束状果枝不截。短截时，剪口下必须留叶芽。第 2 年及以后冬剪，以短截、疏枝为主，疏除徒长枝、直立枝、密生枝，缩剪中庸长枝，剪后枝条间距 10 ~ 15 厘米。生长季修剪每隔 7 天 1 次，主要是疏除背上枝、直立枝、徒长枝、过密枝、重叠枝。为控制徒长和形成饱满花芽，7 月中下旬分 2 次喷布 15%多效唑可湿性粉剂 200 倍液。

（二）温湿度调控

1. 温度调控

温室油桃在不同生育阶段对温度的要求不同，为进一步达到保温效果，可在塑料上覆盖棉被、纸被或温室旧膜，后在其上盖草帘。可通过打开通风口塑料、前底脚塑料等方法来调节温度，如果花期温度不够，可以加厚草帘提温。油桃定植至树体休眠前，白天温室温度控制在 23 ~ 25℃，夜间 10 ~ 12℃；休眠期，温室温度为 8℃；初花期至谢花期，白天温室温度为 19 ~ 23℃，夜间在 10℃左右；幼果至果实成熟期，白天温室温度为 20 ~ 25℃，夜间 10～15℃；冬季棚室温度最低不能低于4℃。

2. 湿度调控

控制湿度的方法关键是覆盖地膜。温室升温后灌一次透水，松土后覆地膜，尽量盖严。花期湿度不够可以向作业道和黑地膜上洒水，若湿度过大则开风口降湿。油桃定植至树体休眠前，湿度控制在 60%～80%；初花期至谢花期，湿度控制在 50%～70%；幼果至果实成熟期，保证湿度为 60%。

五、肥水管理

定植前施足底肥；花后追尿素 100 克/株、磷酸二铵 100克/株。硬核期追施复合肥100 克/株、硫酸钾100 克/株；落花后到果实成熟，叶面喷施 3～4 次，可与喷药同时进行，前期喷施活力素加0.3%尿素，后期喷施活力素加0.3%磷酸二氢钾。升温后灌一次透水，花前、花后、硬核期和果实膨大期分别灌水，果实膨大期可根据土壤湿度酌情考虑灌水次数，每次灌水要随水冲施肥料，尽量不跑清水。

六、花果管理

桃树虽然自花结实率较高，但在日光温室内栽培，由于温室内无风、没有昆虫，自然授粉受到限制，因此，必须进行人工授粉。一般桃树开花 1～3 天内授粉均有效，当天开花当天授粉效果最好。在花蕾期人工疏花及时疏除过密和瘦弱的花蕾，以节约养分，提高坐果率。疏果可进行 2～3 次。第一次在落花后 15 天左右，当桃长到玉米粒大时进行（粗疏）；10～15 天后果实膨大出现大小果时（即受精不良的果脱落后到硬核期前），进行第二次疏果（细致疏果）。留果量可根据计划产量而定。

七、病虫害防治

棚内升温后，全树喷施 1 次 5% 石硫合剂，以期消灭掉越冬害虫。花前、花后各喷 1 次药，用药为农用链霉素、甲基托布津和阿维菌素。以后每 15 天喷 1 次药，套袋后不喷药。

杀虫、杀菌药应交替更换品种使用，防止病菌和害虫产生抗药性。结合冬剪彻底清除病枝病叶，集中烧毁消灭掉越冬虫源；加强桃树管理，搞好夏剪，通风透光。针对桃细菌性穿孔病，防治上彻底清洁果园，发芽前喷 5% 石硫合剂，生长期喷 65% 代森锌 500 倍液。在桃炭疽病防治上，芽前喷 5% 石硫合剂铲除病原。

发病重的地区，落花后和幼果期各喷 1 次 50% 多菌灵 800 ~ 1 000 倍液，或用 70% 代森锰锌 600 ~ 800 倍液，或用 70% 甲基托布津可湿性粉剂 800 倍液，或用 50% 多菌灵可湿性粉剂 600 ~ 800 倍液。视病情进展及天气条件每间隔 7 ~ 10 天喷 1 次。在桃芽萌动期，若发现蚜虫则均匀喷施 5% 蚜虱净 3 000 倍液，或用 20% 一遍净 1 000 倍液防治。

防治螨类，于升温后萌芽前全树喷施 5% 石硫合剂或 45% 晶体石硫合剂 10 ~ 20 倍液；落花后喷 20% 螨死净 1 500 倍液，或在发生期喷 15% 扫螨净乳油 3 000 ~ 5 000 倍液，或用阿维菌素 1 000 倍液。在桃潜叶蛾类防治上，成虫发生期和幼虫孵化期，喷洒 20% 杀蛉脲悬浮剂 2 000 倍液，或用 25% 灭幼脲 3 号悬浮剂 1 500 倍液，或用 50% 蛾螨灵乳油 1 500 ~ 2 000 倍液。

八、采收后管理

果实采收结束后，应及时剪除过密的背上枝和内膛细弱枝，回缩结果枝，恢复树势，以增加树体内养分积累，充实枝条和花芽，为下半年丰产打下基础，同时结合冬剪，去除病枝和虫卵着生的枝条，统一带离果园集中烧毁、掩埋。做好秋施基肥，采用树膛内开沟的方法施入充分腐熟的农家肥，施入量每株不低于 6 千克。

第五节　枣树适栽品种及抗寒高产栽培技术

枣为鼠李科（Rhamnceae）、枣属（Ziziphus Mill.），学名为（Ziziphusiwsuba Mill.），原产于我国黄河流域。8 000年前枣就已是人们食物的组成部分，我国栽培枣树的历史有5 000年之久。

枣树具有很高的经济、生态、社会效益，枣树全身皆宝，叶、皮可入药；木材可供雕刻，制车、造船、作乐器；果实营养丰富，是众所周知的滋补品。枣树也因具有管理简单、结果早等优势，倍受果农青睐。

枣林有防风、固沙、降风速、调气侯、防止和减轻干热风危害的作用。枣树作为防风林的文字记载，最早出现在《神异经》中："北方荒中有枣林焉，高五十丈，敷张枝条，数里馀，疾风不能偃、雷电不能摧"。我国古人十分形象、生动描写了枣树林带的规模和作用。

近十几年来，阜新地区枣产业在相关政策的支持下得到了长足发展，种植面积、果实产量得到了双增长。但也存在着这样那样的问题，其中最主要的问题是冻害。在阜新市部分地区，新植幼树每年都会遭受不同程度的冻害危害，严重的新植幼树当年冬季冻害率达70%以上。经过多年的调查研究和生产实践，目前初步总结出一套较完整的枣树抗寒栽培技术，并筛选出一些抗寒品种。

一、苗木培育

由于阜新地区冬季寒冷，为了提高苗木抗寒性，在生产实践中大部分采用嫁接育苗，至于其他的育苗方式，如：传统的断根归圃育苗、根插育苗及近年兴起的组培法育苗和嫩枝扦插技术则不宜采用。

嫁接育苗。利用酸枣实生苗或本砧嫁接所需品种获得苗木。（酸枣：灌木，系枣的原生种，古代称之为"棘"。本种抗寒、抗旱、耐瘠、种子萌芽力高、是栽培枣树的主要砧木树种。）嫁接方法主要有木质芽接和枝接（枝接多采用皮下接）。其嫁接技术要点，归纳起来为六字要领：①"鲜"，接穗保持新鲜，无失水。②"平"，接穗削面要平。③"准"，接穗和砧木形成层要对准。④"紧"，接好后要缠严绑紧。⑤"快"，操作速度要快。⑥"湿"，嫁接后要埋土或套塑料袋保持湿度。同时，在嫁接前 5～7 天，对砧木苗木进行灌水，使之易于离皮。

二、适于阜新地区的栽培品种

（一）大平顶

别名平顶枣，集中分布在辽宁西部的朝阳、凌源、建昌等地，是目前辽宁省西北部地区主栽品种。果实圆柱形或长椭圆形；平均单果重 12 克，最大果重 16 克，大小较整齐，果面光洁，果皮薄脆，橘红色，含可溶性固形物 42.2%；适应性强，耐寒、耐旱、耐瘠薄；结果早，丰产性好。在朝阳地区 4 月中下旬萌芽，6 月初始花，9 月底成熟，果实发育期 110 天。适宜在辽宁省气温较低，生长期短的辽西以及西北部地区栽培。

（二）赞皇大枣

别名金丝大枣，是优良的鲜食、加工兼用型品种，在锦州、朝阳地区大面积栽培。果实长圆形；平均单果重 17.3 克，最大果重 29 克，大小整齐，果面平整，果皮深红褐色，韧性好，不裂果，含可溶性固形物 30.5%；结果早，坐果稳定，丰产、稳产，适应性较强；果实品质优良，商品价值高。果实 9 月下旬成熟，生长期 110 天左右。该品种抗寒性稍差，不宜在偏北部地区栽植。为提高产量，栽植时应配置 10%～20% 的授粉品种。

（三）金铃圆枣

朝阳经济林研究所从当地栽培品种中选育出的优良大果型鲜

食品种。果实近圆形；平均单果重 26 克，最大果重 75 克，果个大小均匀，果皮薄，色泽深红光亮，可溶性固形物含量 32.4%；该品种耐寒、抗旱，适应性强，在朝阳地区栽培，综合性状表现较好，商品价值高。

三、抗寒栽培技术

（一）建园

1. 园址选择

枣树适应性强，对环境要求不甚严格。在日照充足、风害少、土层深厚、排水良好的地方均可建园。

2. 园地规划

选好园地后，应平整土地，做好区划及水土保持工作，挖高垫低，修建排水系统，并搞好防护林建设。

3. 整地挖坑

栽前进行园地深耕，耕层深 25 厘米以上，耕前施腐熟的优质有机肥（以鸡粪、羊粪、猪粪或人粪尿为主）4 吨/667 平方米以上（肥量少可按坑施肥），耕后耙平并按确定的株行距在栽植行内挖定植穴，表土和心土要分开放置，心土填在表面。定植穴大小以操作时期定，上年秋季挖坑，可大些，一般 1 米见方（长 1 米，宽 1 米）、80 厘米深（有条件可挖栽植沟）；春季现挖现栽可小些，长、宽、深各 60 厘米即可。

4. 栽植时期

要想获得较高的成活率，关键就是确定适宜的栽植时期。我国民间有"枣栽鸡嘴"、"椿栽骨朵枣栽芽"等说法。《齐民要术》中也有"候枣叶始生而移之"的记载。这些都可以说明枣树在发芽期进行栽植效果最好。此时，栽植枣树，根系的贮藏养分已运至苗木体内，但尚未放叶消耗。此时土壤温度回升较快，如栽后覆好地膜则回温更快，地温升高有利用栽后根系伤口的愈合并产生出新根,以利成活。此时栽植,还因从定植到生出新根、发芽的时间最短,因而苗木本身水分的损失量最小,所以成活率最高。根据阜新市的气候特点,最佳栽植时期为4月末至5月初,即枣树萌发前1周。

5. 栽植密度

枣树是结果较早的树种,为尽快提高前期产量,应适当密植。目前,生产上常用的株行距为2米×3米(111株/667平方米)、2米×4米(83株/667平方米)。栽植株行距的大小可根据土壤条件和技术管理水平确定,土壤条件好,技术管理水平好的可适当密植,反之则应按正常密度栽植。

(二)栽植技术要点

除了选用优质的一级苗木之外,在栽植枣树时应尽量做到选用当地生产的苗木,因为枣树苗本身含水量很低,极易在起苗、装苗和运苗过程中损失掉,因而外地的苗木在调往定植地的过程中,常因水分的散失,使苗木质量受到很大影响。一是成活率较低,二是成活之后长势弱。因种种原因必须选用外地苗木时,在调回栽植地之后,应将苗木整体或根部放入清水中浸泡12小时,这样可使苗木充分吸足水分,可有效地提高成活率。定植时,除认真做好上述各项工作之外,还应认真把握以下几点。

认真处理好栽植苗木。苗木在定植前应当先进行整理,然后再栽植。第一,应对根系进行整修,对过长的根系,受伤的根系进行修剪。然后将地上部所用的二次枝留1厘米左右进行剪截。根据栽植密度可对苗木进行0.8~1.2米定干,密度大的定干要低些,密度小的定干要高些。并在定植前用ABT生根粉3号500毫克/升浸根5分钟。第二,注意栽植深度。一般要求栽植的深度以原土印为好,最深不能超过原土印3厘米。第三,栽植时力求做到树体直立,并且要求行内一定要直。第四,浇足水。栽植后应及时进行浇水,有条件的果园最好是先做好树畦,然后,大水灌树行，并覆地膜。最佳灌水量是使所挖栽植坑周边完全饱和。应当 1 次浇足水，不可少量多次，否则将对成活不利。

（三）栽后管理

主要是改善土壤环境，满足树体对养分、水分的需求，增强树体的适应性和抗逆性，以延长寿命，提高产量。俗话说："三分栽、七分管。"因此，枣树栽植后应注意加强管理。

1. 覆膜增温保墒，促使发根生长

枣树栽植的当年，由于管理不善常出现迟迟不发芽的"假死现象"，群众称之为"枣树当年不发芽不算死"。造成新植枣树"假死"的主要原因是阜新地区春季干旱多风，致使新植枣树大量失水。解决的方法就是栽后及时灌足水，待水渗入土壤之后，及时松土，然后用塑料薄膜覆盖树盘。这样可有效起到保墒作用，同时也可起到提高地温，促进早生根、快生长的目的。一般每株新植枣树用一块 1 米见方的塑料膜进行覆盖。

2. 做树畦，营造保护行

定植后，应及时做好树畦，即沿枣树行向两侧起埝，畦内宽度为 1 米、土埝宽 30 厘米、高 20 厘米，要求踏实。做好树畦，既便于对枣树的管理，如中耕、浇水、除草、病虫害防治等田间作业，又起到保护幼树的作用，可有效地避免农机作业对幼树的损害。此树畦，随着树冠的生长而逐年加宽。

3. 适时进行水肥管理

为使新植枣树更快生长，当新梢长到 10～15 厘米时，结合浇水或利用雨后开沟追肥，一般每株施尿素 0.1 千克，以保证新植树木生长发育对养分的需求。同时应注重对新植幼树病虫害的防治工作，特别是对枣瘿蚊、黄刺蛾、红蜘蛛等害虫的防治。结合防治虫害可加入 300～500 倍液的尿素或磷酸二铵等肥料进行叶面喷施，以促进幼树的生长，一般要喷施 3～4 次。

4. 合理间作

栽植的第一年都可间作农作物，当年间作物面积不超过60%，第2年不超过40%，第3年取消间作物。为确保幼树的生长，间作植物一定要选择矮杆的，最好选择花生、大豆、绿豆等豆科植物，也可间作些瓜菜类植物，以提高经济效益。这样，由于对间作物的肥水的投放也会促进枣树的生长。在浇水或降雨后，都应及时进行中耕除草，确保幼树生长有一个良好的环境。

5. 整形修剪技术

（1）培养主干型树形。枣树修剪比较简单，大都以主干型为主，其要求为有明显的中央干，主枝6～12个。主枝数量多少随栽植密度和树体大小而定，栽植密度大，树体小，主枝数量则多，反之则少。

（2）控制、利用枣头枝。枣头枝数量的多少、长势强弱，直接影响到树势和产量。通过不同时期对枣头枝摘心、调整角度，以控制枣头枝的生长量来满足生长和结果的需要。

（3）增加幼树枝量。枣树幼树修剪基本上不疏枝，以最大限度增加枝量，满足早产、早丰的需要。对于徒长和着生部位不当的枝，应在生长前期利用抹芽、摘心、拉枝等技术加以处理。

6. 提高枣树抗寒性技术

（1）平茬培土。新建枣园于栽植当年秋季上冻前，在距地面10厘米处剪掉上部枝条，然后培土堆，土堆高度20厘米。第2年萌发后选留1个强壮枝，余者重摘心疏除。经过平茬培土的枣园，第2年无冻害，整齐度较高；而对照园栽植第2年冻害较重，萌发后陆续死亡至7月，造成枣园残缺不全。

（2）幼树期防寒保护。对幼树采取的保护措施主要是绑草把、涂白（涂白液配制方法较常规配制方法有所改变，一是用饱和盐水，二是加大用油量）、缠塑料、缠纸等来解决幼树期抗寒性弱的问题。

（3）栽植自根苗。枣本身是一个较抗寒的树种，据报道，大部分栽培品种冬季休眠期在不低于－30℃的地区都能安全越冬。其中抗寒性较差的冬枣，在－30℃以上的地区（原产地为－24.8℃）也能安全越冬。在生产上新植幼树（嫁接苗），在温度安全界限内却大面积连年遭受冻害，造成很大的经济损失。事实说明，嫁接苗的抗寒性能不如自根苗。

（4）选用抗寒砧木。目前枣树用的砧木主要是酸枣，但经过多年的生产实践看，酸枣作为枣的砧木并不理想，在辽宁省中北部栽培往往冻害较重，给生产上造成很大损失。可用一些较抗寒的栽培品种做砧木，如金丝小枣、骏枣、小平顶枣等。

（四）病虫害防治技术

1. 农业措施

（1）封冻前翻树盘，把以树干为中心，半径1米范围内地面15厘米深的表土铲起撒于田间，可将土壤中越冬的枣步曲蛹、桃小茧等冻死，降低越冬虫口密度。

（2）刮粗皮。每年"惊蛰"后，有枣黏虫为害的枣园将树干、大枝粗皮刮掉集中烧毁，可大量消灭枣黏虫越冬蛹。

（3）树干束草绳。每年9月上旬，枣黏虫幼虫化蛹前在树干上束草绳，可诱集枣黏虫越冬幼虫入草绳化蛹，翌年春解下草绳烧掉。

（4）树干缠塑料膜，缠草绳。每年清明前，有枣步曲危害的枣园，树干中部缠20厘米宽的塑料薄膜。缠时先把上边扎紧，再把塑料膜折起来使上边变成下边，然后将树下细土装入，使薄膜鼓起，最后把上边扎紧，可有效地阻挡枣步曲母蛾上树产卵和幼虫上树食叶。同时，由此往下隔10～17厘米处，在树干上再缠1圈草绳，诱使此雌蛾产卵于草绳内，半个月换1次，解下的草绳烧掉，也可有效的防治枣步曲。

（5）剪病虫枝、掰虫茧。利用冬季修剪机会，将龟蜡蚧危害枝剪去及黄刺蛾虫茧掰掉集中烧毁。如发现枣疯病树，及时根除。

（6）每年清明后 10 天内，在树干涂 20 厘米宽废机油或黏虫胶，可阻杀食芽象甲虫、枣步曲上树危害。

2. 化学防治

枣树病害主要有枣缩果病、枣炭疽病、枣疯病等。目前，在生产上危害最大的是枣缩果病，主要侵害果实，属细菌性病害，由伤口侵入，与品种抗病性有关，防治主要用农用土霉素、链霉素、卡那霉素等。在萌芽后展叶初期及时喷 0.5′Be 的石硫合剂，防治枣叶壁虱；五月中旬在树冠喷敌敌畏 600 倍液或其他有机磷农药；7～8 月喷 50% 的效磷乳剂 3 000～5 000 倍液，防治枣黏虫虱等害虫。

病虫害的防治因地区和气候的差异，主要害虫种类的不同，防治上要通过害虫生活史观察适时适药防治。病害以预防为主，一旦发生枣疯病，必须挖除病株，进行土壤消毒。

第六节　榛子的栽培技术

榛子（学名：*Corylus heterophylla* Fisch.），榛科榛属灌木或小乔木，世界上四大干果（核桃、扁桃、榛子、腰果）之一。在中国分布很广，主要分布于辽宁省、吉林省、黑龙江省、内蒙古自治区东部以及河北的北部山区。榛属植物全世界约有 20 种，中国有 12 种，辽宁省天然分布有平榛、毛榛及近年人工杂交成功的平欧大果榛子。据分析，榛子种仁中含脂肪 51.4%～66.4%，含蛋白质 17.32%～25.92%，含碳水化合物 4.9%～9.8%，水分含量只有 2.8%～5.8%，还含有 8 种人体必需的氨基酸、维生素 C、维生素 E、维生素 B 及多种矿物质，特别是富含硒和抗癌化学成分紫杉酚，可以治疗卵巢癌和乳腺癌以及其他一些癌症，可延长病人的生命期。

目前，榛子的栽培有以下两种途径。一是对野生榛子进行改造；二是人工栽植建园。

一、对野生榛子进行改造栽培

（一）改造对象的选择

选择分布在坡度在 15°以下的土层较厚、土壤肥沃、排水良好的阳坡、半阳坡的中、下部，集中连片、纯度达到 40% 以上，生长旺盛的榛子林作为改造对象。

（二）改造时间

一般应在秋冬季节或早春，结合打柴进行。

（三）改造方式方法

1. 区划

确定的改造园、山形、道路等自然情况，划分若干个小区，每个小区 1 333 ~ 3 335 平方米（2 ~ 5 亩），小区间留 1 米宽作业道（顺山）。

2. 除杂及带状平茬

结合带状平茬将榛园内的非目的树种和杂草清除，使之成为榛子纯林。沿等高线（横山）进行平茬和疏伐，平茬带宽 1 ~ 1.5 米，保留带宽 4 ~ 6 米，达到逐年轮作，年年有收成。

3. 调整榛林密度

结合带状平茬作业，将保留的榛丛内部过密株、病虫害（死）株、机械损伤株及新的萌条剪出，达到留优去劣，通风透光，促进结实的目的。一般 2 年生榛林保留 20 ~ 25 株/平方米，每 667 平方米 8 893 ~ 11 116 株；3 年生榛林保留 11 ~ 15 株/平方米，每 667 平方米 4 891 ~ 6 669 株（注：这里株数指榛林的地面枝条数，整体榛林的有效面积为总体面积的 2/3）。

4. 补植

野生榛子生长分布不均是普遍现象。可就地取苗，进行补植。即就地从密度大的地方挖出，补植到空地或过于疏稀的地方，使之达到生长分布均匀。

5. 平茬更新方法

平茬宜用镰刀或枝剪，也可用小型机械，平地面割除，茬口尽量低，一般以不超过 10 厘米为宜。茬口过高不利于新生萌生枝的生长。

6. 除蘖割草

除蘖，要除掉带间、丛间的萌生枝（苗）以保证正常的生长空间，同时除掉带内、丛内的萌生枝（苗），以减少水分和养分的消耗。每年进行 2~3 次除蘖。第一次在 4 月下旬至 5 月上中旬，主要清理上年生长后期发出的萌生枝（苗）及除掉刚萌发的嫩枝。以后各次结合割草进行。

割草是为了控制杂草，减少杂草与榛树争夺水分和营养物质。10 度以下缓坡地要将大草拔出；10 度以上要割除大草，留茬 5~15 厘米。每年进行 2~4 次。一般可在 5 月中下旬、6 月上中旬、7 月上中旬进行。

二、人工栽培榛子

（一）繁殖方式

有播种育苗；分株、根蘖育苗和压条育苗。

1. 播种繁殖

在榛林中选择丰产、果大、无病虫害的植株做为采种母树，从中挑选粒大、种仁饱满、无病虫害的榛子作为播种子用（平榛种子发芽力可保持 1 年）。

（1）种子处理。（以平榛为例）平榛的种子，需要低温处理才能发芽。方法是：选择地势稍平坦，比较干燥，无鼠害的地块，挖深 60~100 厘米、宽 50~70 厘米的沟。然后取干净的河沙，过 2、2.5 毫米孔径的细筛，平榛种子和湿细河沙以 1∶（5~

6）的比例混拌均匀，湿度以手握见水不滴水为宜。沙藏时，先在沟底铺 3~5 厘米厚的湿细河沙，再将混拌好的种子撒入沟内，其厚度不宜超过 50 厘米，上层再撒 3~5 厘米厚的湿细河沙，最后埋土或盖草帘。

（2）整地。播种地应选择地势平坦、土层深厚、肥沃、排水良好的沙壤土。播种地应在前一年秋季深翻 20~30 厘米，疏松熟化土壤，消灭土中虫卵，提高保水能力，并结合翻地施足底肥，每 667 平方米地施农家肥 3~4 吨。早春化冻后尽早做 60 厘米宽的垄或 100 厘米宽的下床，搂细耙平。墒情不好的，播种前 3~5 天要灌 1 次水。

（3）催芽。在播种季节即将到来时，先去掉沙藏沟上的覆盖物，露出干净的河沙，翻动混有种子的湿沙，每日 1 次，使之上下温、湿度均匀；如果沙子干了，可适当喷水，促使种子发芽。如果急于催芽，可把混有沙子的种子，移至 20~25℃ 温室内催芽，每天翻动种子 2 次，并喷水保持湿度。当有 25% 的种子发芽时即可播种（即胚根刚从种皮裂口处伸出时）。

（4）播种。平榛播种时间以春季为宜，一般在 4 月中下旬进行。具体操作方法：垄作的行距 60 厘米，可以采用大垄双行，株距 6~8 厘米；床作的行距 20 厘米，株距 5~6 厘米。播种时，先在已压平的垄面上开双行沟，沟深 5~6 厘米。然后将湿沙筛出的纯种子按上述株行距撒入沟底，覆土 3~5 厘米，稍压即可。

（5）苗期管理。播种后一般不需灌水。15 天左右即应出苗。出苗后应注意保持土壤疏松无杂草；干旱时及时灌水；雨季作好排水。6 月中旬，待苗长高 10 厘米时，追施速效氮肥 1 次。

榛树苗期病虫害较少，主要是白粉病和食叶害虫。如发现食叶害虫，可喷 90% 敌百虫乳剂 800~1 000 倍液毒杀；防治白粉病，可在 4 片真叶时，每月喷 2~3 次 800~1 000 倍 50% 可湿性粉剂托布津。

当年苗高可长至30～40厘米，秋季枯叶时即可出圃。

2. 分株与根蘖繁殖

（1）分株繁殖。分株繁殖有两种方法：一是把母株全部挖起，分成若干小丛或单株，每一单株均有根系和1～2个枝条；二是在母株丛周围挖取根蘖，分出若干植株，母株仍保留。分株苗应保留根段20厘米，并有一定数量须根。分株苗离开母体后，应剪短枝条，留15～20厘米长即可，并立即假植，保持湿润，防止失水。

（2）根蘖繁殖。根蘖繁殖有两种方法：一是挖掘现有株丛周围根蘖，取得苗木；二是在专门的母本园进行繁殖。预备繁殖的母株应在春季平茬，以促进株丛发生根蘖。生长期内保证充足肥、水供应，并适当疏剪，使根蘖不要过密，既保证根蘖发育生长良好，又便于秋季挖苗。

3. 压条繁殖

压条繁殖适用于平欧杂交榛子育苗。

（1）弓形压条。弓形压条分为硬枝压条和嫩枝压条。硬枝压条在早春进行。方法：沿株丛周围挖15～20厘米深的沟，把拌好土的腐熟农家肥撒入沟内，保持沟深10～15厘米。沟与株丛基部的距离，以枝条弯下时其中下部能碰到沟底为宜。选择发育良好的一年生枝，弯向沟底。固定住，再用土压住并把沟填平、培实。这样，露在地面上的枝芽萌发生长，压在土中部分生根。为促使枝条发根良好，也可把压在沟底的枝条部分环剥，宽度1～2毫米，去掉韧皮，或横向刻伤几刀也可。嫩枝压条在6月上、中旬，当年生基生枝长到60～80厘米时便可进行。方法同硬枝压条。

（2）水平压条。在秋季或春季均可进行，但以春季进行最为适宜。具体操作方法：把生长旺盛的一年生枝条水平拉开，铺在地面上，固定住，不压土。细致的保护叶芽，使之萌发。这样，在水平面上几乎所有的芽都能长成新梢。当新梢长至 10~15 厘米时，在一年生枝上的每一节（即每个新梢的基部）上用软铁丝横缠 2~3 圈，促进新根形成。然后把新梢用土培上高度的 2/3，以后根据新梢生长高度再培土 1~2 次。秋季落叶后，把每一节切割开，即形成一个有垂直新梢、基部有根系的苗木。

（二）栽植

1. 平欧杂交榛子的栽植

（1）选地。平欧杂交榛子树体为灌木（或小乔木），3 年生开始结果，6 年生以下为初果期，7~10 年生为盛果初期，10 年以上为盛果期，连续丰产性强，寿命可达 50 年以上。平欧杂交榛子适应性强，各种类型土壤均可栽培，但以土层深厚、肥沃、pH 值 5.5~8、排水良好的沙壤土最宜。

平欧杂交榛子喜光，在坡度 15 度以下，任何坡向均可栽培，但以向阳坡的中下部和土层深厚的缓坡地及排水良好的平地最佳。

（2）选苗。平欧杂交榛子新品种近百个品系，在不同区域的表现具有一定的差异。特别是对其抗寒性要格外注意。应选择在本地区栽培成功的品系或相近地区栽培成功的品系。平欧杂交榛子应选用压条繁殖苗栽植。

榛子都是异花授粉植物，栽植无性繁殖苗木要配置授粉树。主栽品种与授粉品种株数比例为（6~8）:1；也可几个优良品种混栽，互为授粉。

（3）栽植方法。在前一年秋季挖好深、宽各为 60~70 厘米的定植坑，拌有机肥料和杂草、枯叶，再填入表土备用。

栽植时间应在 4 月上、中旬。栽植前先修剪苗木根系，将过长的根系剪掉，保留 12~15 厘米即可。栽苗不宜过深，苗木不可出现下窖现象。栽植后立即浇透水。

根据栽植地块的综合条件，栽植榛苗的密度也应有所不同。目前常用的株行距有 2 米×2 米，每 667 平方米 156 株；2 米×3

米，每 667 平方米 111 株；2 米 ×4 米，每 667 平方米 83 株；3 米 ×3 米，每 667 平方米 74 株；2.5 米 ×4 米，每 667 平方米 66 株。实践证明，在阜新地区以 2 米 ×3 米，即每 667 平方米 111 株为最佳；2 米 ×2 米，即每 667 平方米 156 株适合前 10 年，且适宜繁苗；10 年后可改为 2 米 ×4 米。

（4）田间管理。平欧杂交榛子田间管理比较简单易行，包括修剪、施肥、除草、灌水等。①修剪。平欧杂交榛子是单干形。自然树高可达 5 ~ 8 米，但修剪后的榛树一般不应超过 4 米。单干形修剪程序是：第一年，定植一年生苗，春天栽植后立即定干，干高 40 ~ 70 厘米，主干应垂直向上；定植二年生苗，应剪掉 40 厘米以下的枝；一年生枝应重短截。第二年，在主干以上留不同方位的主枝 3 ~ 5 个，每个主枝进行轻短截，约剪掉枝长的 1/3，剪口留饱满芽。第三年，主干上留的每个主枝，选留 2 ~ 3 个侧枝并进行轻短截，原主枝连续培养延长枝，延长枝轻短截，向斜上方生长，内膛短枝不修剪。第四年，继续轻短截各主、侧枝延长枝，继续扩大树冠。最终形成在主干上分生了 3 ~ 5 个主枝，主枝上生长侧枝，侧枝上生长副侧枝和结果母株，形成短主干上部自然开心的树冠。

修剪时间：一是在休眠期进行。即冬春修剪。阜新地区宜春剪。二是生长季节修剪。即夏季修剪，目的在于调节养分的合理分配。②施肥。肥水的使用，要立足有利于增加结实量。施肥分为施基肥和追肥。施基肥宜于秋季即坚果采收后至土壤结冻前（9 ~ 10 月）进行；第一次追肥应在 5 月下旬至 6 月上旬，第二次应在 7 月上旬至中旬。③除草松土。每年可进行 4 ~ 6 次除草松土，最好是在雨后或灌水后进行。平欧杂交榛园内不应有杂草。但前几年可间作矮杆作物。④灌水。新定植的苗木，必须及时灌水。一般生长期灌水 2 ~ 3 次，可结合追肥同时进行。第一次于发芽前进行；第二次于 5 月下旬至 6 月上旬即幼果膨大和新梢生长旺盛期，这是保证当年产量的关键；6 月下旬如遇少雨可进行第三次灌水。7 月进入雨季，要注意排水。

2. 平榛的栽植

平榛的栽植可分为单行栽植、带状栽植、穴状栽植等栽培方式。因栽培方式不同，其密度也不同（表 2 – 1）。

表 2 – 1　平榛栽植密度表

栽植方式	株距（米）	行距（米）	667 平方米株数（丛）	适宜地块
单行栽植	1.5	2	222	机械化作业栽培园
带状栽植	1	1	667	较规整且平坦的缓坡地园
穴状栽植	2	3	111	丘陵、山地、沟谷零星栽植

（1）单行栽植。即在缓坡、梯田上或水平沟按一定株行距栽成单行。其株行距可因地点不同灵活掌握。

（2）带状栽植。即以 2 ~ 5 行为一带，带与带之间距离稍大、带内株行距偏小，形成带状，单位面积上栽植株数较多，可提高早期产量。带间距一般以 2 ~ 3 米为宜。

（3）穴状栽植。即在地形变化大的丘陵、山地，根据地势特点，分散零星栽植，株行距可灵活掌握。

（4）栽植方法及管理。栽实生苗，强壮苗可单株栽植，弱小苗 2 ~ 3 株丛植，如果是山地穴状栽植每穴应是 3 ~ 5 株。根茎部与地面平，填土踩实；栽分株苗或根蘖苗，应注意老根茎的方向，原来向上的萌生枝仍然向上。栽时，把根部放入穴中，其深浅以最上层根系能盖上 10 厘米厚的土为宜。3 ~ 5 年进行 1 次平茬更新。其他方面按平欧杂交榛子栽植方法进行。

（三）水肥管理

每年在早春和晚秋季节，要适时灌水可以有效保证榛树健康生长，提高榛子产量。在萌芽后至开花前适时进行施肥，每公顷

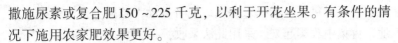

撒施尿素或复合肥 150~225 千克，以利于开花坐果。有条件的情况下施用农家肥效果更好。

（四）病虫害的防治

榛子的主要病害是榛叶白粉病。榛子的主要虫害为榛实象鼻虫，其成虫、幼虫均可造成危害。成虫取食榛树嫩芽、嫩叶，使嫩叶成针孔状，嫩芽残缺不全，嫩枝折断；幼虫为害果仁，在果壳上钻孔，造成虫眼，严重影响商品性和经济效益。

1. 榛叶白粉病的防治

（1）生物防治。可以通过疏枝、间伐改善通风透光条件，增加树体抗病能力。

（2）药剂防治。5 月上旬至 7 月上旬喷 50% 多菌灵可湿性粉剂 600~1 000 倍液，或用 50% 甲基托布津可湿性粉剂 800~1 000 倍液，15% 粉锈宁可湿性粉剂 1 000 倍液。7~8 月如果雨量偏大可再防治 1 次，即可取得良好的防治效果。

2. 榛实象鼻虫的防治

防治方法：每年 5 月中旬到 7 月上旬用 37% 杀虫宝乳油 800~1 000 倍液，或用 40% 杀虫蜱乳油 1 000 倍液，或用 20% 雅克（桃小灵）乳油 1 000 倍液，对榛园进行全面处理，共喷布 2~3 次，间隔时间 15 天。或者用 50% 腈松乳剂和 50% 氯丹乳剂，以 1∶4 的比例混合用 400 倍液喷洒，毒杀成虫。于幼虫脱果前及虫果脱落期即 7 月下旬至 8 月中旬，在地面上撒 4% D－M（敌百虫、马拉硫磷合剂，又叫敌马合剂，敌抗合剂）粉剂毒杀脱果幼虫，每 667 平方米用药量为 1.5~2 千克。

（五）适时采收

当果苞基部有一圈变成黄褐色时，即为成熟，即可以采收。平榛树形较矮，手采方便。采收时可连同果苞一同采下，采后集中运到堆果场，准备脱苞。大果榛子树体较高，但仍可以直接手采带果苞的果实。或等待果实脱苞落地，再拣拾集中起来，在采收季节可以每隔一天拣果一次。或者振动大枝的办法，使榛果落地，再集中收集起来。采用此法采收，必须事先清理园地。

国外已经采用机械化采收榛子，但只限于先进的农场。其方法是：在采收期到来之前，先将园地清理干净，平整土地。采收时先用振动机抓住大枝将榛子振落地面，然后用吸收机收集起来。

第三章　大田及经济作物种植业篇

第一节　大豆高产栽培技术

一、品种的选择

选择高产、高油、抗病、耐旱、品质好的优良品种，适合阜新地区种植的品种主要有辽豆33、辽豆34、辽豆35、铁豆60号、铁豆66号、东豆1201、抚豆22号、抚豆23号等。

二、整地播种

1. 整地

前茬收获后，先用除茬机将根茬打碎，或人工将根茬刨除捡净，随后进行秋翻，耕深20厘米，耕后立即耙地、起垄并压实。

在未能秋整地的情况下可进行春整地。春整地宜早不宜迟，以顶浆打垄为宜。

2. 施基肥

每667平方米施充分腐熟的有机肥2 000千克（因土壤肥沃程度而定）。

每667平方米施磷酸二铵8~10千克，硫酸钾10千克；或加"三元复合肥"（氮、磷、钾有效成分各占15%）10千克。禁止使用硝态氮肥。

3. 播种

（1）种子播前处理。种子播前要进行精选，种子净度不低于98%，纯度不低于98%，发芽率不低于85%，质量达到国家标准的种子。

播种前 15 天，选择天气晴朗的日子，将豆种摊放在阳光下晒 3 ~ 5 天（次），摊晒时，豆种厚度 3 ~ 4 厘米，需经常翻动。

播前可用微肥拌种，方法是每千克豆种用 1.5 克钼酸铵，溶于水中，均匀洒在豆种上。用水量为种子量的 5%，以湿润种子表面为度，切不可过湿，以免泡掉种皮。拌种后放在背阴处晾干备用。

也可用硫酸锌拌种，方法是：每千克豆种用 4 ~ 6 克硫酸锌，方法同上。

（2）播种时间和种植密度。春季日平均气温稳定通过 10℃ 时，开始播种。播种时间在 4 月 25 日至 5 月 10 日。

每 667 平方米用种量 3.5 千克左右，因种子大小而异，不超过 4.5 千克。夏播 667 平方米保苗 1 万株左右。

三、加强田间管理

大豆出苗后，视田间杂草孳生情况，尽早进行铲地，随之趟地，至大豆植株封垄前完成二铲二趟。

在大豆生长的中后期，尤其在结荚鼓粒期，如遇干旱有灌溉条件，应及时灌水，每次灌水量每 667 平方米不超过 30 立方米。

大豆初花期，结合最后 1 次趟地，每 667 平方米追施硫酸铵 6 ~ 10 千克（或尿素 3 ~ 5 千克），撒在大豆植株一旁地面，趟地培土将其掩埋。

四、加强病、虫、草害防治

1. 大豆蚜虫和红蜘蛛

防治大豆蚜虫可用 5% 吡虫啉乳油 3 000 ~ 4 000 倍液喷雾。

防治红蜘蛛可用达螨酮 15% 乳油或 20% 可湿性粉剂 4 000 倍液喷雾。

2. 大豆食心虫

8 月中旬大豆食心虫雌虫卵盛期，释放赤眼蜂可有效防治，每 667 平方米放蜂量为 2 万 ~3 万头。或用白僵菌防治，在食心虫幼虫脱离豆荚前，将白僵菌与细土按 1：10 混合，每 667 平方米用菌土 3 千克撒于豆田或场院地面，使脱荚落地的幼虫感染而死。

敌敌畏熏杀成虫：8 月中旬，每 667 平方米豆田用长约 30 厘米的秫秸 50 根，放在 80% 敌敌畏乳油中浸泡 3 分钟制成毒棒，每隔 5 垄插一趟，每隔 5 米插 1 根。

3. 大豆菟丝子

在大豆田发现菟丝子开始缠绕大豆植株时，及时拔除，带出田外掩埋，以防蔓延。大豆生育晚期，在草籽成熟前，将豆田大草拔除。

五、及时收获与贮藏

人工收获在落叶达 90% 时进行；机械收获则在叶片全部落净，豆粒归圆时进行。

收割时，割茬要低，一般距地面 5 ~6 厘米，以不留荚为准。收割时做到不丢枝、不炸荚、损失率小于 1%；割后晒 5 ~7 天，打场脱粒要及时，做到同一品种单收、单运、单脱、单贮。贮藏不能与有毒、易发霉、发潮的货物混放。降到安全水分方可贮藏。

第二节　红小豆高产栽培技术

一、品种选择

选择适于深加工、出口的粒大色红，抗病毒病、锈病的高产优良品种。例如，辽红小豆 3 号、5 号等。

二、整地和施肥

红小豆以秋整地为宜，前茬收获后，用除茬机或人工将根茬刨除捡净，随后进行秋耕，耕深 25 厘米，耕后立即耙地、压实。早春顶浆打垄并立即镇压待播。

每 667 平方米施腐熟优质农家肥 1 000 千克，加磷酸二铵 8 ~ 10 千克和硫酸钾 5 千克，结合深翻，埋入耕层。

三、播种

1. 种子播前处理

（1）种子精选。要求种子纯度、净度不低于 98%，发芽率不低于 85%，质量达到国家质量标准。

（2）种子晾晒。播前，将小豆种摊放在阳光下晾晒 2 ~ 3 天，摊晒时种子厚度 2 ~ 3 厘米，需经常翻动。

2. 播种和种植密度

在播种层（5 厘米深）地温稳定在 10 ~ 14℃，土壤含水量在 20% 时播种。

（1）每 667 平方米用种量。1.5 ~ 2.0 千克。

（2）种植密度。每 667 平方米保苗 0.8 万 ~ 1.1 万株。

3. 田间管理技术

在幼苗出齐，两片真叶展开时间苗，第一复叶期定苗，最迟不能晚于第二复叶期，结合间苗拔掉病株和弱苗，留大苗和壮苗。条播实行单株留苗；穴播田可留双苗。

春播红小豆，中耕 2 ~ 3 次；夏播中耕 1 ~ 2 次；间苗后进行第一次铲趟，封垄前，第二次铲趟培土，后期拔 1 次大草。

封垄前如遇干旱，有灌溉条件的应及时灌水，每 667 平方米灌水量 10 ~ 15 立方米，不超过 20 立方米。

于初花期每 667 平方米追施硫酸铵 5 千克。如瘠薄地有脱肥现象，可采取根外追肥的措施，每 667 平方米用尿素 0.5 千克加磷酸二氢钾 1.5 千克，溶于 100 千克水中，进行叶面喷肥，每隔 10 天喷 1 次，一般喷 2 次。

四、加强病虫害防治

1. 农业防治

红小豆的病害主要有病毒病、枯萎病、锈病等。主要的农业防治措施是：与禾本科作物倒茬轮作，一般 2～3 年轮作 1 次；选用抗病、耐病品种；加强田间管理，培育健壮的植株群体；及时拔除病株就地深埋。

2. 化学防治

防治蚜虫：每 667 平方米用 50% 辛硫磷乳油 75～100 毫升，配成 1 000～1 500 倍液喷雾。

防治食心虫、豆荚螟虫：每 667 平方米用 20% 氰戊菊酯 30～50 毫升对水，配成 3 000～4 000 倍液喷雾。

3. 生物防治

可利用蚜虫的天敌瓢虫防治红小豆蚜虫。

五、及时收获与贮藏

收获期红小豆成熟不一致，基部荚果先成熟，中部、上部的荚果相继成熟。在田间大多数植株上有 2/3 的荚果变黄时为大面积栽培时适宜的收获期。小面积栽培时可分次采摘。

脱粒后，要经过人工或机械清选，清选后籽粒晾晒数日，含水量要降到 13.5%，同一品种要做到单收、单运、单脱、单贮。降到安全水分方可贮藏。贮藏不能与有毒、易发霉、发潮的货物混放。

第三节 谷子高产栽培技术

一、品种选用

选用米质优、抗逆性强、产量高的品种。例如辽谷 2 号、辽谷 4 号、朝谷 58、吨谷以及阜新当地的常规品种等。

二、整地施肥

前茬收获后应立即灭茬，随后进行秋耕，耕深 25 厘米，耕后立即耙耱。

每 667 平方米施农肥 1 500 千克。施磷酸二铵 10 千克。

三、播种

1. 种子播前处理

种子播前要进行精选，纯度和净度达到 98%，发芽率不低于 85%，达到国家标准以上。

播前，在天气晴朗时，将谷种摊放在阳光下晒 2~3 天，播种前用种子重量的 0.25% 的瑞毒霉等农药进行拌种。若种子表面有病菌孢子时，先用 55~57℃ 温水，浸泡 10 分钟。

2. 播种时间和种植密度

在 5~10 厘米土层温度稳定在 10℃ 以上时播种，具体时间在 4 月下旬，中早熟品种可在 5 月上、中旬播种。

播种采用条播法，行距 50 厘米，播幅 10 厘米左右。播种深度 4~5 厘米，覆土厚薄一致，覆土后及时镇压。每 667 平方米用种量 1~1.5 千克。

种植密度因品种、土壤肥力、播期不同而异，一般 3.0~3.5 万株/667 平方米。

四、加强田间管理

查田应在三叶期前后进行。如缺苗断条严重，可补种，也可移栽。移栽谷苗以 4 ~ 5 叶期最易成活。在幼苗 3 ~ 5 片叶时进行疏苗，6 ~ 7 片叶时定苗。苗眼除草时注意防止伤苗。

可在谷子播种后至出苗前，每 667 平方米用扑草净 50% 可湿性粉剂 50 克对水 30 升或 140 克谷友对水 30 升进行土壤表面喷雾封闭。在谷子 4 ~ 5 叶期，根据苗情喷施专用除草剂，苗少的地方不用喷。

谷子在孕穗期需水量大，如遇干旱有灌溉条件应及时灌水，每 667 平方米灌水 30 立方米。拔节期，中耕培土前每 667 平方米追尿素 10 ~ 12 千克。

五、加强病虫害防治

1. 综合防治措施

首先选用抗病品种是最为有效的措施。及时清除田间遗留的病残株。清除地头和田间杂草，避免使用未腐熟的有机肥。加强田间的肥水管理，增强植株的抗病能力。

2. 药剂防治

（1）地下害虫（蛴螬、蝼蛄、网目拟地甲、金针虫等）。耕翻土地，清除杂草，可减少虫卵和幼虫基数，有效减轻虫害发生。蝼蛄可用灯光诱杀。

用辛硫磷 50% 乳油 2 毫升加水 100 毫升拌谷种 1 千克，堆闷后播种。或施毒土每 667 平方米用辛硫磷 50% 乳油 100 毫升加水 500 毫升，过筛的细砂 20 千克拌匀，条施在播种沟内。

（2）玉米螟。选用抗虫品种，处理越冬寄主，在 5 月中旬以前对寄生有玉米螟的秸秆、根茬用 100 克/立方米白僵菌粉剂封垛。

在玉米螟产卵初始、盛期各放一次赤眼峰，每 667 平方米每次释放赤眼峰 1 万 ~2 万头，卵盛期加大放蜂量。

玉米螟趋光性强，可用黑光灯诱杀成虫。于玉米螟成虫羽化初期开始，每晚 9：00 到次日 16：00 开灯。

（3）黏虫

2.5% 功夫乳油 1 000 ~1 500 倍液喷雾。

每 667 平方米用 80% 敌敌畏乳油 100 ~150 毫升，1 000 倍液喷雾。

在田间插各种草把（谷草把、稻草把、玉米干叶把）诱蛾产卵，将卵集中烧毁。

六、及时收获与贮藏

当籽粒变硬呈固有粒形和粒色时为完熟期应及时收获。单收、单运、单放、单贮，防止与普通谷子混杂。降到安全水分方可贮藏，贮藏不能与有毒、易发霉发潮的货物混放。

第四节　花生高产栽培技术

一、品种选择

选择高产、抗病、耐旱、品质好的中粒型品种，生育期125 ~130 天，如白沙 1016、花育 23、阜花 12、阜花 13、唐科 8252 等品种。

二、整地播种

1. 整地

前茬收获后，先用除茬机或人工将根茬刨除捡净，随后进行秋翻，耕深 25 厘米，耕后立即耙地，起垄并压实。

在未能秋整地的情况下，可进行春整地。春整地宜早不宜迟，以顶浆打垄为宜。打垄前 667 平方米施腐熟的优质农家肥 2 000 ~ 3 000 千克，施磷酸二铵 15 千克，硫酸钾 8 千克，长效尿素 10 ~ 15 千克。

2. 播种

（1）种子播前处理。种子播前要先进行挑选整齐一致的荚果型，然后脱皮再进行粒选。要求种子纯度不低于 98%，发芽率不低于 80%，种子质量符合国家标准。

播种前 15 天晒种，在天气晴朗时将花生种摊放在较弱的阳光下连续晒 2 ~ 3 天，摊晒时花生种厚度 2 ~ 3 厘米，摊时注意别弄伤种皮。剥壳后选种，选择整齐、饱满、色泽新、没有机械和病虫损伤的种子。浸种催芽后药剂拌种，用杀虫剂 70% 吡虫啉 20 克、杀菌剂 72% 甲霜灵 30 克、杀菌剂 80% 代森锰锌 30 克充分混匀后拌萌芽的种子 50 千克。

（2）播种时间和种植密度。春季 5 厘米土层地温稳定在 10℃ 时开始播种。土壤含水量达到 16% ~ 18%。播种时间 5 月 5 日至 10 日。

每 667 平方米用花生籽粒 8 ~ 10 千克。土壤墒情好的要进行覆膜种植。播种采用大垄双行穴播，667 平方米保苗 0.9 万 ~ 1.1 万穴。每穴二粒。近些年提倡半精量播种，即每穴 1：2：1 播种，每 667 平方米保苗 1.0 万 ~ 1.3 万株。

三、加强田间管理

覆膜到出苗期，发现薄膜破口或覆盖不严时，及时用土重新压埋、堵严。

当幼苗破膜拱土，开始露出真叶时，将子叶扒出膜外，然后封严膜口，幼苗周围距垄边要有 10 厘米以上距离，留好果针下扎的位置。

在开花下针到荚果发育期间，结合中耕培土迎针作业，适当追肥氮肥。根据花生长势，可叶面喷施 0.2% ~ 0.3% 磷酸二氢钾 500 倍液 2 ~ 3 次。

在花期果针下扎到荚果发育期间，如遇干旱，无论垄作栽培和覆盖栽培都应及时灌水。

四、加强病虫害防治

1. 综合防治措施

加强检疫，严禁从病区引种；选择抗病品种；烧毁田间病残体；深翻地，与玉米等禾谷类作物及甘薯实行 3 ~ 4 年轮作；雨后排除田间积水。

2. 药剂防治

（1）花生叶斑病。发病初期，用 50% 多菌灵可湿性粉剂 1 000倍液或 75% 百菌清可湿性粉剂 600 倍液进行叶面喷洒，每 667 平方米每次用药 60 千克，每隔 7 ~ 10 天喷洒 1 次，连续喷洒 2 ~ 3 次。

（2）疮痂病。发病初期，喷洒 50% 苯菌灵可湿性粉剂 1 500 倍液，每 667 平方米每次喷洒药剂 60 千克，每隔 7 ~ 10 天喷洒 1 次，连续喷洒 2 ~ 3 次。

（3）花生纹斑、病毒病。早期防蚜，及早清除田间杂草，减少蚜虫传播病毒。普遍察看田间植株，发现病株及早拔除深埋。

（4）蚜虫。及早清除田间杂草，减少蚜虫来源。蚜虫发生早期（窝字蜜期）及早发现，局部用药。

在夏季蚜虫发生量较多时，可 667 平方米用 0.3% 苦参碱水剂 500 毫升配成 100 倍液，或用 50% 抗蚜威可湿性粉剂 10 ~ 18 克配成 2 000 ~ 2 500倍液进行茎叶喷洒。

（5）地下害虫。若生长期有蛴螬、金针虫等地下害虫时，每 667 平方米用 50% 辛硫磷乳油 1 千克或用 40% 毒死蜱乳油 200 毫

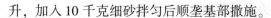

升，加入10千克细砂拌匀后顺垄基部撒施。

（6）银纹夜蛾、苜蓿夜蛾等食叶性害虫。7～8月危害叶片较重时，每667平方米用2.5%敌杀死（溴氰菊酯）乳油20～40毫升，对水配成2 000～3 000倍液喷雾防治。

五、及时收获与贮藏

从田间随机拔出4～5株，观察果壳，有70%～80%的果壳纹理清晰，剥开果壳，果壳内壁出现黑褐色斑块，为适宜收获期。为避免遭受霜冻，成熟后尽量提早收获。选晴天用人工或机械拔收、刨收、犁收均可，起收后就地铺晒，晒到荚果摇动有响声时，运回场院堆垛，荚果朝外，继续风干。约经30天，充分干燥后摘果，去除秕果，再充分晾晒降到安全水分，方可入库贮藏。贮藏不能与有毒、易发霉、发潮的货物混放。

第五节　水稻高产栽培技术

一、品种选择

选用经辽宁省品种审定委员会审定推广的适合阜新地区种植的高产、优质、抗病、抗倒伏的优良品种，例如铁粳10号、铁粳11号、铁粳12号、富禾77、美锋9号、抚粳9号等。

二、水稻育苗

1. 育秧床土配制

床土 pH 值在 4.5～5.5 范围内，有机质含量高，土质疏松，通透性好，肥力高。同时，床土颗粒直径2～5毫米的占70%以上，2毫米以下的占30%以下；养分适宜，N、P、K 三要素俱全；经过消毒灭菌，没有草籽。每盘需要4千克盘土，加上覆土和损失量，每 667 平方米需要盘土 150 千克。

2. 种子处理

选择纯度≥98%，发芽率≥85%，含水量 <15% 的种子。种子处理包括晒种、选种、脱芒、浸种消毒、催芽等过程。

（1）晒种。一般要晒 3~5 天。晒种时要勤翻动，避免种子受热不均和稻壳开裂感病。

（2）选种。①盐水溶液选种，溶液比重要求达到 1.11~1.12，选有芒品种要求达到 1.05~1.09。具体操作：每 50 千克水加食盐 10 千克；②硫酸铵溶液选种。具体操作：每 50 千克水对硫酸铵 12 千克。不论用哪种方法选种都要用清水洗 2 遍。

（3）脱芒。把芒脱掉，保证播种均匀。

（4）种子消毒。是防治水稻恶苗病和立枯病的有效措施。浸种时间视水温而定，水温 10℃时，需 7~10 天；当水温 15℃时，需 5~6 天。每天翻动 1 次，除芒的种子浸种时间可减少 1~2 天。

3. 播种

在棚膜育苗条件下，当气温稳定上升到 6~7℃，膜内温度便可达到 10~12℃，即可趁冷尾暖头，抢晴天播种。播种时间 4 月上中旬。

播种量一般每盘 65~70 克干种，机插秧秧盘的播量控制在 100~110 克。播种要求准确、均匀、不重不漏。适当稀播，防止由于播种量过多而引起秧苗细弱拥挤、成苗率不高等情况。

半旱育苗：播种前排出床面水，待床面不软不硬时播种，播种后把种子拍进去，再覆上一层腐熟的农家肥或细土，覆土厚度盖上种子即可。

旱育苗：选择地势高燥、土壤肥沃、交通方便的地块建棚；育苗大棚规格以宽 7~10 米、高 2.5 米左右、长 50~70 米的钢构结构。播种前搂平，播种后用碌子将种子压入土中，再覆一层腐熟农家肥或细土，其厚度为 1~1.5 厘米。覆盖后再用碌子压实，以利出苗。

无纺布覆盖育苗：选择园田或水田高台作为育苗地；无纺布采用厚度37克/平方米以上的防老化无纺布，园田和高台育苗可采用平铺式覆盖，床面平铺地膜或布外覆盖农膜增加保温效果。播种步骤包括传送秧盘、铺撒床土、刷平床土、喷水、播种、覆土、刮土等流水作业。秧盘播种洒水须达到秧盘的底土湿润，且表面无积水，盘底无滴水，播种覆土后能湿透床土。

为防止杂草危害，每667平方米用丁草胺200克，对水40千克，用喷壶均匀地浇在床面进行封闭。

4. 覆盖地膜、架立拱棚

不论采用哪种育苗方法，播种覆土后，床面都要浇透水，然后覆盖和床面等宽的地膜。

架立拱棚：用竹劈做拱架，拱架间隔75～80厘米，拱架中心高度离床面65～70厘米，拱架要牢固，然后覆盖棚膜，用绳捆绑固定防风。

采用无纺布覆盖的，也可在无纺布外加盖一层地膜或旧农膜，增加保温效果，但在秧苗1叶1心期撤掉地膜。在架棚的时候注意以下几点：一是把架条两端35厘米左右的地方加工成弯型，当架条插到苗床时，弯处成直角；二是架条插后苗床中间处弧度要小，床边高度在20厘米情况下，中间高度要保持30厘米左右，防止浇水时水从布急速流下来；三是每床的架条插后高度基本一致；四是覆布时要拉紧，使布基本保持在一个水平面上，提高漏水率。

三、育苗管理

当水稻秧苗立针青头（即不完全叶抽出芽鞘），床面呈淡黄绿色时，揭开棚的一端，抽出床面的超薄地膜，并立即将揭口封严压实。从播种到炼苗前（一叶一心）为密封期，在苗床不缺水的条件下，主要是增温，不需要特殊管理。

炼苗：一叶一心后应开始炼苗，管理重点是防止二、三叶徒长，并逐渐使秧苗适应自然环境。一叶一心期每天上午浇水一次，二叶一心期每天上下午各浇水 1 次，苗盘含水量保持在 35%~40%，浇水前将水晒至 15℃以上。从一叶一心期开始逐渐通风，白天温度控制在 25~28℃，二叶一心期白天温度控制在 23~25℃，二叶一心期后白天温度控制在 18~20℃，并确保夜间温度不低于 5~10℃。移栽前全揭膜，锻炼 3 天。遇到低温时，要增加覆盖物及时保温。

四、秧田管理

1. 稻田施基肥

一般每 667 平方米施充分腐熟的农家肥 2 000 千克。

每 667 平方米施硫酸铵 60~75 千克；过磷酸钙 50~60 千克；硫酸钾 10 千克。禁用硝态氮肥。

2. 适时插秧合理密植

当日平均温度稳定在 13.5℃时，开始插秧，5 月末结束。

一般每 667 平方米保苗穴数 2.0 万~2.2 万穴。

3. 田间管理

插秧后常出现缺穴少苗的现象，应立即查苗补栽，以保证基本苗数。

小苗移栽后浅灌约 3 厘米（1 寸），苗长大后仍保持浅水层。有效分蘖终止期到拔节前适当晒田，晒田一般到落黄为止。

为促使早发棵、早分蘖，应早施重施分蘖肥。栽秧后 7~10 天，每 667 平方米施硫酸铵 15~20 千克，在有效分蘖前 20 天施完。肥量大时可分两次施入。

中耕应早进行，由返青开始，每隔 10 天左右进行 1 次，一般进行 2~3 次，最后一次在拔节前结束，过晚伤根影响穗分化。

水稻开花期应保持浅水层 3～6 厘米，灌浆期应进行间歇灌溉（1 寸（1 寸≈0.033 米）水层）；黄熟中期即可排水落干，促进早熟，便于收割。

五、防治病虫害

1. 稻瘟病

农艺措施：选用抗病品种，做好种子处理，培育壮秧，增施磷钾肥，合理浇水。水稻移栽前采取预防措施，播种前采用药剂浸种，移栽前 2～3 天对秧苗进行药剂处理，达到带药移栽的目的。做好田间管理合理灌溉施肥，忌偏施、迟施氮肥，做好晒田和灌水管理。在水稻分蘖期田间出现急性病斑或发病中心时施药控制叶瘟，抽穗期施药预防穗瘟（可以选用稻瘟灵、咪鲜胺、春雷霉素等农药进行预防）。

2. 纹枯病

选用抗病品种，深耕，泡田打捞菌核，加强肥水管理，避免过量使用氮肥和灌水过深、过多，分蘖末期注意晒田。在水稻分蘖末期至孕穗期防治，可用苯醚甲环唑＋丙环环唑、井冈蜡芽菌、丙环咪酰胺等化学药剂进行防治。

3. 二化螟

二化螟一年发生两代，幼虫钻蛀茎秆进行危害，以老龄幼虫在稻秆或稻茬中越冬。在水稻分蘖期注意防治一代二化螟造成枯心，在抽穗期注意防治二代二化螟造成枯孕穗和白穗。采用农业措施、物理防治、生物防治和化学防治相结合的方式。春季插秧前实施翻耕、灌水灭蛹，降低越冬虫源基数。二化螟越冬代和主害代始蛾期至终蛾期，田间集中连片使用杀虫灯、性诱剂等理化诱控措施进行诱杀。幼虫期可使用苏云金杆菌进行生物防治，化学药剂可选用 20% 氯虫苯甲酰胺悬浮剂、25% 杀虫双水剂对水进行喷雾。

4. 稻飞虱

在水稻秧苗期、移栽分蘖期、孕穗抽穗期均要注意稻飞虱。移栽前 2 ~ 3 天喷药，带药移栽。穗期百穴虫量 1 000 头以上时，优先选用昆虫生长调节剂等对天敌相对安全的药剂品种，于低龄若虫高峰期对茎秆基部喷雾施药，可用 25% 噻嗪酮可湿性粉剂、70% 吡虫啉水分散粒剂对水喷雾。

5. 稻曲病

选用抗病品种，做好肥水管理，避免偏施或迟施氮肥。可在水稻孕穗前 7 ~ 10 天施用井冈蜡芽菌、苯醚甲环唑丙环唑等农药进行预防。抽穗前后如遇多雨适宜天气条件，间隔 7 天后需再次施药。

六、及时收获与贮藏

水稻黄熟期稻谷色变黄，籽粒充实饱满坚硬，其中，90% 以上的米粒达到玻璃质，含水量 17% ~ 20%，茎秆水分含量为 60% ~ 70% 时为适宜收获期。要提前晾田，以适合收获。收割时，割茬要低，一般距地面 3 厘米左右（稻草有商品价值）。收割时做到不丢棵、不丢穗，损失率小于 1%，割后晾晒 7 ~ 10 天，打场脱粒要及时，做到同一品种单收、单运、单脱、单贮，降到安全水分方可贮藏，贮藏不能与有毒、易发霉、发潮的货物混放。

第六节　玉米高产栽培技术

一、品种选择

玉米品种要选择高产、优质，并具有抗病、抗虫、抗倒伏性能的优良新品种。适合阜新地区种植的玉米新品种主要有沈玉 21、辽单 565、联达 288、良玉 66、郑单 958、先玉 335、阜研

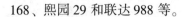

168、熙园 29 和联达 988 等。

二、整地施肥

1. 整地

随着机械化程度的提高和大面积的土地流转，玉米生产全程机械化技术在大多数地区都可实现。秋季利用大功率拖拉机配套联合整地机进行深翻或深松作业，翻地 25 厘米以上，深松在 30 厘米以上（翻地每 3 年 1 次、深松每 2 ~ 3 年 1 次），深翻或深松后及时耙压（旋耕整地），做到上实下虚，无坷垃无土块，结合整地施足底肥，达到待播状态。底肥每 667 平方米施磷酸二铵 15 ~ 20 千克、硫酸钾 10 千克；若施用一次性长效控释肥则需要每 667 平方米 40 ~ 50 千克。

2. 施基肥

每 667 平方米施充分腐熟的农家肥 3 000 千克以上（因土壤肥沃程度而异）。推荐使用生物肥。

3. 地膜覆盖

提倡采用这一技术，增加有效积温 150 ~ 300℃，延长生育期或提早成熟 7 ~ 10 天。先播后覆，做床、播种、打除草剂和覆膜，2 ~ 3 叶人工破膜引苗。也可先覆后播，按株距打孔播种，封严播种孔。

三、播种

1. 种子播前处理

要求种子纯度达到 99%，净度不低于 98%。发芽率不低于 85%，精量播种的发芽率应在 95% 以上。

播种前将玉米种摊放在阳光下晾晒 2 ~ 3 天，种子厚度 3 ~ 4 厘米，经常翻动，使之受热均匀，要昼晒夜收。未包衣的播种前要进行人工包衣。

2. 播种

（1）播种时间。春季日平均气温稳定通过8℃时，开始播种。播种时间因品种生育期而定。大多数品种适播期4月15日至5月15日。

（2）播种方法。每667平方米用种量：大粒型3～4千克；小粒型2～3千克。精量点播1.2～2.0千克。

60厘米行距，28～30厘米株距，或大垄双行种植，大行距80厘米，小行距40厘米。

不论机械穴播或畜力开沟埯种，均需下种均匀，播后立即覆土、镇压，使种子与土壤密接以利吸水发芽和提墒保墒。覆土深度3～5厘米。

种植密度：3 800～4 000株/667平方米。

四、田间管理技术

及时查田补苗，发现缺苗及时补种或育苗移栽补苗。3～4叶期间苗，5～6叶展开时定苗。精量播种的除外。及时铲趟和除草培土。

玉米苗期铲趟要进行3次。第一次在定苗前；第二次在拔节前进行。第一遍趟地要深趟2～3寸不培土，第二遍要深趟同时培土，第三遍铲趟结合追肥同时进行。

对弱苗和小苗追施少量速效氮肥，促其加快生长。及时除去分蘖。拔节后10天667平方米追施15～20千克速效氮肥。

玉米大喇叭口（雌穗小花分化期）大约在7月中旬，结合最后1次趟地，每667平方米追尿素25～30千克，采取人工深施植株一旁，趟地培土将其掩埋。

五、病虫害防治

1. 玉米螟、玉米蚜

生物防治玉米螟。田间详细调查，当百株发现1～2块卵块及时释放赤眼峰可有效防治，每 667 平方米放蜂量为 2 万头。隔 7 天后第二次放同样的蜂量。

药剂防治玉米蚜。用 40% 乐果乳油 50 毫升对水 0.5 千克，拌 15 千克细沙，拌匀后撒入玉米心叶内，同时兼治 1 代玉米螟。

2. 防治蝼蛄

用 40%～50% 乐果乳油或 90% 晶体敌百虫 0.5 千克，加上炒成糊香的饵粒（豆饼、玉米碎粒）制成毒饵，每 667 平方米用饵料 1.5～2.5 千克。

3. 防治地老虎

地老虎 1～3 龄幼虫在地上部分为害，可喷洒 2.5% 敌百虫粉剂每 667 平方米 2～2.5 千克。

六、玉米全程机械化生产技术

（一）概况

玉米全程机械化生产技术包括深松、浅翻整地、机械深施肥、机械精量播种、机械镇压保苗、机械中耕深松施肥、机械收获及秸秆还田等技术，玉米生产全过程科学运用机械化技术不但能改良土壤耕层质量、培肥地力、提高保苗率和强健植株，更能提高产量，减少劳动强度，实现节本增效的目的。

（二）要点

1. 选择适合机械化收获的品种

品种要求株高、穗位整齐，茎秆韧性好、不倒伏，苞叶松散程度适中，籽粒均匀降水快。

2. 进行机械化秋翻或深松整地，参照前面整地部分。

3. 玉米机械化精量播种和长效肥侧深施用

在春季通过旋耕和耙压后，待土壤温度稳定通过 8～10℃时开始播种，利用精量播种机进行平作条件下的精量播种和侧深施肥，播种深度 4～5 厘米，墒情不足应补水播种。底肥施用三元复合肥 25～30 千克/667 平方米，施肥深度 12～16 厘米，并同时随播种施入口肥磷酸二铵 10 千克/667 平方米。使用长效玉米控释肥则可一次性施肥 40～50 千克/667 平方米。

4. 机械化化学除草

利用农机动力喷雾器在播种后出苗前，土壤墒情适宜时用 50% 乙草胺、48% 丁草胺·莠去津，对水后进行喷雾封闭除草。也可在出苗后进行苗后除草。

5. 机械化中耕深松追肥

在玉米拔节前（9～11 片叶），利用中耕深松追肥机进行追肥作业，尿素施用量 25～30 千克/667 平方米。施用控释肥的可不追肥（后期视环境和植株长势，出现脱肥现象的应及时补充氮肥）。

6. 机械化收获及秸秆还田

在玉米籽粒含水量小于26% 时，利用4 行玉米联合收获机直接收获玉米籽粒。但籽粒降水高于26% 的，用玉米收获机直接收获玉米果穗。

秸秆地面粉碎机切碎秸秆后撒扬到田间，直接耙压到耕层，进行腐烂还田，微量加速秸秆的腐烂速度可增施少量氮肥或加入秸秆腐化剂，提高还田质量。

第七节　马铃薯高产栽培技术

一、品种选择

选用优质、高产、适应性广、抗病性强、纯度高、膨大速度快的优良种薯。适合阜新地区栽培的品种有早大白、尤金、富金、中薯5号、费乌瑞它、辽薯20、辽薯26 等品种。

二、精选种薯

播种前30～40天出窖，挑选幼龄和壮龄块茎做种薯，淘汰薯形不纯正、表皮老化、皮色暗青的薯块。

三、种薯处理

1. 催芽

将符合要求的种薯进行两段催芽，一是遮光条件下，温度保持10～15℃催芽7～10天，使芽长至3～5毫米，移入阳光或散光下散放催芽，将种薯摊开厚度10厘米左右，温度12～16℃，照晒20～30天，每隔5～7天翻倒1次，充分见光。待芽长到1厘米左右即可播种。

2. 切块

切成25～50克带有1～2个以上芽眼的立体块，多带薯肉，充分利用顶芽，切出病薯要剔除，并要换刀。播前用草木灰拌种。

四、播种

1. 整地施基肥

定植前清除田间植株残体，深翻晾晒。选择富含有机质的沙壤土或排水良好的田块。结合施基肥做60厘米宽垄，每667平方米施用腐熟有机肥3 000～4 000千克，草木灰100千克。磷酸二铵15～20千克。硫酸钾20千克。（或种肥量是多元复合肥30～50千克 + 微肥5千克）拌匀沟施。注意不能使用含氯化肥。

2. 播种

（1）播种时间。根据气温和地温适时早播。10厘米深处地温稳定在4℃以上，最低气温1℃以上播种。在3月25日至4月5日开沟栽植。

（2）播种方法及密度。将薯块摆播在垄沟里，株距 25～30 厘米，667 平方米保苗 5 000 株左右，开沟深度 10～12 厘米，覆土厚度 10 厘米，然后镇压保墒。

五、加强田间管理

1. 药剂除草

如覆膜栽培，在覆膜前每 667 平方米用 100～125 毫升施田补草剂对水 60～75 千克均匀喷洒地面；不覆膜的用 125～150 毫升对水 60～75 千克均匀喷洒地面。

2. 及时中耕、施肥灌水

播种后 5～10 天，如干旱严重，需浇 1 次小水。出苗前遇雨后及时中耕松土。苗齐后随浇水追肥，追施尿素 10 千克/667 平方米。垄间进行深锄中耕，浅培土。现蕾前不特旱不浇水。现蕾后每 667 平方米追施尿素 15 千克，硫酸钾 16 千克。现蕾后 10～20 天是需水临界期，要浇足水。收获前 5～7 天停止浇水。

六、加强病虫害防治

1. 农业防治

选用抗病品种，实行轮作倒茬，与非茄科作物轮作 3 年以上。加强肥水管理，测土平衡施肥，合理密植，促进植株健壮。物理防治：采用频振杀虫灯、黑光灯等诱杀害虫。

2. 生物防治

释放天敌，如捕食螨、丽蚜小蜂、七星瓢虫等。保护天敌，创造有利于天敌生存的环境。

3. 药剂防治

（1）早晚疫病。自马铃薯初花期，每隔 7～10 天喷施 1 次药剂防治，未发病前，喷洒的药剂以内吸保护剂为主，发现病株后，立即将病株拔除远离田间，及时喷洒含有治疗成分的杀菌剂

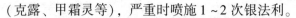

（克露、甲霜灵等），严重时喷施 1 ~ 2 次银法利。

（2）病毒病。发病初期喷洒 15% 植病灵乳油，或用 20% 病毒 A 可湿性粉剂 500 倍液，隔 7 天 1 次，连续 2 ~ 3 次。

（3）蚜虫。用 50% 抗蚜威可湿性粉剂 2 000 倍液或 10% 吡虫啉可湿性粉剂 1 500 倍液喷雾防治。

（4）地下害虫。蛴螬、蝼蛄等地下害虫，可用辛硫磷颗粒剂进行土壤杀虫。

七、适期收获

50% 叶片由绿变黄，块茎与植株脱离而停止膨大时，标志马铃薯生理成熟应及时收获。也可根据栽培目的、经济效益或市场需求等情况适时收获。6 月下旬至 7 月中旬陆续采收结束，及时分装、运输、贮存。

主要参考文献

[1] 沈强，刘光华，等.现代农村实用技术 [M].长春：吉林人民出版社，2002.

[2] 汪李平，黄树苹.蔬菜科学施肥 [M].北京：金盾出版社，2010.

[3] 张百俊，等.绿色蔬菜 [M].北京：中国农业出版社，2010.

[4] 屠豫钦.农药科学使用指南 [M].北京：金盾出版社，2009.

[5] 李加旺，等.黄瓜栽培科技示范户手册 [M].北京：中国农业出版社，2.008.

[6] 冯莎莎.南方常见果树优质高产栽培一本通 [M].北京：化学工业出版社，2013.

[7] 张广臣，等.科学种菜一本通 [M].长春：吉林人民出版社，2000.

[8] 中国农业科学院蔬菜花齐研究所.中国蔬菜栽培学 [M].北京：中国农业出版社，2010.

[9] 刘海河，张彦萍.菜病虫害防治 [M].北京：金盾出版社，2009.

[10] 武占会.现代蔬菜育苗 [M].北京：金盾出版社，2009.

[11] 黄增敏，刘绍凡.果树栽培与病虫害防治新技术 [M].北京：中国农业科学技术出版社，2011.

[12] 卢伟红，辛贺明.果树栽培技术（北方本）[M].大连：大连理工大学出版社，2012.

[13] 高照全.果树安全优质生产技术 [M].北京：机械工业出版社，2014.